# 黄河淤泥及固体废料
# 静压成型生态砌块

刘成才　著

东北林业大学出版社
Northeast Forestry University Press
·哈尔滨·

**版权专有　侵权必究**

**举报电话：**0451-82113295

**图书在版编目（CIP）数据**

黄河淤泥及固体废料静压成型生态砌块 / 刘成才著 . —

哈尔滨：东北林业大学出版社，2023.9

ISBN 978-7-5674-3335-9

Ⅰ . ①黄… Ⅱ . ①刘… Ⅲ . ①黄河—河流底泥—砌块—成型

加工—研究 Ⅳ . ① TU522

中国国家版本馆 CIP 数据核字 (2023) 第 191258 号

黄河淤泥及固体废料静压成型生态砌块

HUANGHE YUNI JI GUTI FEILIAO JINGYA CHENGXING
SHENGTAI QIKUAI

**责任编辑：**潘　琦

**封面设计：**乔鑫鑫

**出版发行：**东北林业大学出版社

　　　　　　（哈尔滨市香坊区哈平六道街 6 号　邮编：150040）

**印　　装：**北京四海锦诚印刷技术有限公司

**开　　本：**787 mm × 1092 mm　1/16

**印　　张：**11.75

**字　　数：**204 千字

**版　　次：**2023 年 9 月第 1 版

**印　　次：**2023 年 9 月第 1 次印刷

**书　　号：**ISBN 978-7-5674-3335-9

**定　　价：**56.00 元

如发现印装质量问题，请与出版社联系调换。（电话：0451-82113296　82191620）

# 前　　言

本书围绕黄河生态治理，以黄河淤泥为主要原料，根据地区资源状况，适当加入一定量的建筑垃圾、工业固体废料等粉料作为添加料，加入一定胶结凝材料、固化剂，采用静压成型技术，制作黄河淤泥及固体废料生态砌块。利用此技术制作生态砌块，不仅可以大量消耗黄河淤泥，缓解黄河中下游地区"地上悬河"的生态危机，推动黄河流域高质量发展，让黄河成为造福人民的幸福河，而且可以消耗大量的建筑垃圾、工业固体废料及开发利用后剩余的粉料，减少传统建筑材料的用量，有利于环境保护和可持续发展战略目标的实现。利用黄河淤泥研制绿色生态砌块，发挥黄河淤泥资源优势，这既具有重要的社会、经济意义，也具有紧迫的现实意义，与党中央的大保护、大治理、清淤护岸、"以黄河淤泥治理黄河问题"的创新思想高度一致。

黄河以含泥量高著称，我国古代典籍中有记载"黄河斗水，泥沙俱下七"。根据百年来的实测数据分析，进入黄河干流的平均年输沙量大约为16亿t，其中约4亿t淤积在下游河道，形成河床高出两岸地面的"地上悬河"。强烈的水土流失不仅制约着当地经济发展和人民生活水平的提高，而且造成这一地区生态环境脆弱，严重威胁着黄河下游两岸人民的生命财产安全，极大地制约着黄河流域经济发展。尽管黄河淤泥是一种有害的大自然遗弃物，但具有数量巨大，分布极广、取之不尽、用之不竭等特点，如果能在保护地区生态环境的同时，将其资源化利用，也会变成一种宝贵资源。

建筑垃圾及工业固体废料的减量化和资源化处理成为环境保护和可持续发展战略目标之一。固体废料数量庞大、种类繁多、成分复杂，处理困难较大。要处理好黄河淤泥及固体废料，实现高质量的综合利用是关键。当前有很多无害化、资源化处理黄河淤泥及固体废料的技术方案，但从绿色可持续发展的目标要求来看，这些处理方案仍需进一步创新。今后一段时间，优化黄河淤泥及固体废料综合利用的工艺技术路线，力争以最少的能源资源消耗和污染物排放，获得具有高性能、高性价比的再生产品，成为研究的目标。

　　本书将作者积累多年的黄河淤泥及固体废料制作生态砌块的试验研究结果，结合行业研究、生产实践的宝贵经验，并结合土木工程块体材料行业的发展变化撰写而成。本书主要介绍了黄河淤泥及固体废料静压成型生态砌块使用原材料性能、固化机理分析、生态砌块相关试验研究成果以及黄河淤泥及固体废料静压成型生态砌块的生产、应用研究等内容。希望本书能对已经从事或即将涉足黄河淤泥及工程固体废料资源化利用的企业、从业人员以及科研人员有所帮助和借鉴。

作者

2023 年 9 月

# 目　　录

# 第1章 黄河淤泥及固体废料静压
# 成型生态砌块概述

## 1.1 我国有关行业、生态、环保政策

### 1.1.1 黄河流域生态保护和高质量发展战略

党的十九大报告强调指出："必须树立和践行绿水青山就是金山银山的理念。"坚持人与自然和谐共生是新时代坚持和发展中国特色社会主义的基本方略，要正确处理好经济发展同生态环境保护的关系，牢固树立保护生态环境就是保护生产力、改善生态环境就是发展生产力的理念，更加自觉地推动绿色发展、循环发展、低碳发展，决不能以牺牲环境为代价去换取一时的经济增长。让黄河成为造福人民的幸福河，黄河流域生态保护和高质量发展是重大国家战略，尤其强调了生态优先的必要性和重要性。

黄河以含泥量高著称。我国古代典籍中有记载"黄河斗水，泥沙俱下七"。黄河泥沙之多，含沙量之大，冠绝天下大江大河。从20世纪70年代开始，由于国家对水土保持的重视，导致黄河来沙量逐年下降。由于黄河流域黄土高原面积占70%左右，其表层为几十米到几百米的黄土层，土质疏松，抗冲刷能力低，遇水时极易发生崩解现象。虽然黄土高原的降水量每年只有400～500 mm，但是由于降雨时间集中，暴雨强度较大，导致水土流失严重，是造成黄河泥沙含量高的根源。

长期以来，由于黄土高原地区突出的水土流失问题，导致黄河中下游严重淤积，使得每年多达16亿 t泥沙进入黄河，其中约4亿 t淤积在下游河道，形成河床高出两岸地面的"地上悬河"。强烈的水土流失不仅制约着当地经济发展和人民生活水平的提高，而且造成这一地区生态环境脆弱，严重威胁着黄河下游两岸人民的生命财产安全，极大地制约了黄河流域经济发展。尽管黄河淤泥是一种有

害的大自然遗弃物，但它数量巨大，分布极广，如果能在保护地区生态环境的同时，将其资源化利用，也会变成一种宝贵资源。

黄河是中华民族的母亲河。保护黄河是事关中华民族伟大复兴的千秋大计。研究推进黄河流域生态保护治理、保障黄河长治久安、促进全流域高质量发展、让黄河成为造福人民的幸福河，为建设美丽中国、实现中华民族永续发展谱写新篇章。

今后，要坚持绿水青山就是金山银山的理念，坚持生态优先、绿色发展，以水而定、量水而行，因地制宜、分类施策，上下游、干支流、左右岸统筹谋划，共同抓好大保护，协同推进大治理，着力加强生态保护治理、保障黄河长治久安、促进全流域高质量发展、提高人民群众生活、保护传承弘扬黄河文化，让黄河成为造福人民的幸福河。该技术充分利用大自然的废料——黄河淤泥，避免产生二次污染和能源浪费，分析黄河淤泥特性，研制适宜固化剂及寻找各种原材料的最优配合比，进行静压成型试验，研究分析固化化学和静压物理两者协同作用下黄河淤泥生态砌块性能，形成材料、工艺和设备三位一体的生态砌块生产线，探索一条科学、合理综合利用黄河淤泥的途径，在大量消耗黄河淤泥的同时，还可以生产出大量的新型生态砌块，减少传统建筑材料的用量，推动黄河流域高质量发展（图1-1）。因此，利用黄河淤泥研制绿色生态砌块，发挥黄河淤泥资源区域优势，这既具有重要的社会、经济意义，也具有紧迫的现实意义，与党中央的大保护、大治理、清淤护岸、"以黄河淤泥治理黄河问题"的创新思想高度一致。

图 1-1　黄河鸟瞰图

由于黄河淤泥量巨大，用作生态砌块的主要原料，可以节省大量资源，降低成本，构建黄河保护系统。这样可以从黄河源头开始，用黄河淤泥生态砌块建立若干水库湖泊，提高蓄水量，源头植被逐渐增多，改善生态环境；沿河而下，用黄河淤泥生态砌块筑堤护岸，减少黄土高原的泥沙流入黄河；中下游地区，逐渐清理河床，既可以用黄河淤泥砌块修固河底堤坝，还可以助力黄河流域城乡建设，用于水利、道路、市政、建筑、海绵城市等工程，甚至合适河段，逐渐达到通航标准。

黄河淤泥生态砌块惠及黄河流域，助力黄河水逐渐变清，雨季储水，旱季给水。该工艺技术生产过程能耗低，无废水，无废气，节能环保，既能助力"绿水青山就是金山银山"的"两山"目标，又能降低碳排放，助力"碳达峰、碳中和"的"双碳目标"。

## 1.1.2　环境保护政策

中华人民共和国国家发展和改革委员会发改办环资〔2019〕44号《关于推进大宗固体废弃物综合利用产业集聚发展的通知》指出，环境和资源压力也在不断加大，大宗固体废弃物排放已影响和制约着产业经济的高质量发展。不断提高大宗固体废弃物综合利用水平、提高资源利用效率，对缓解资源瓶颈压力、培育新的经济增长点具有重要意义。2020年4月29日，第十三届全国人民代表大会常务委员会第十七次会议第二次修订的《中华人民共和国固体废物污染环境防治法》中明确指出，国家鼓励采用先进技术、工艺、设备和管理措施，推进建筑垃圾源头减量，建立固体废料回收体系，要求推动固体废料综合利用。

建筑垃圾是指建设单位、施工单位或个人对各类建筑物、构筑物等进行铺设、建设或拆除过程中所残留下来的弃土、弃料、渣土、淤泥及其他废弃物。按照不同的分类标准，建筑垃圾有不同的类别，按照建筑垃圾产源地，主要分为土地开挖垃圾、道路开挖垃圾、旧建筑物拆除垃圾、建筑施工垃圾以及建材垃圾。道路开挖垃圾具有极强的污染性，必须进行回收处理；建筑施工垃圾按主要成分不同可分为碎砖、混凝土、砂浆、桩头、包装材料等，约占到建筑施工垃圾总量的80%。

"十三五"期间，我国建筑业改革发展成效显著，全国建筑业总产值达26.39万亿元，实现增加值7.2万亿元，占国内生产总值比重达到7.1%。建筑业作为国民经济支柱产业的作用不断增强，为推进新型城镇化建设、保障和改善人民生活、决胜全面建成小康社会做出了重要贡献。在取得成绩的同时，建筑业依然存在发展质量和效益不高的问题，集中表现为发展方式粗放、劳动生产率低、高耗能高排放、市场秩序不规范、建筑品质总体不高、工程质量安全事故时有发生等，与人民群众日益增长的美好生活需要相比仍有一定差距。建筑业的高速发展产生了大量工程固体废料，主要包括建筑拆除垃圾、土方开挖垃圾、道路开挖垃圾、建筑施工垃圾以及地下工程挖方、海绵城市建设、蓄水池挖方等。从图1-2中国建筑垃圾产生量可以看出，我国工程固体废料年增量约30亿t，累计堆存量超过250亿t。《"十四五"建筑业发展规划》提出要坚持创新驱动，绿色发展，推广绿色化、工业化、信息化、集约化、产业化建造方式，推动新一代信息技术与建筑业深度融合，积极培育新产品、新业态、新模式，减少材料和能源消耗，降低建造过程碳排放量，实现更高质量、更有效率、更加公平、更可持续的发展。

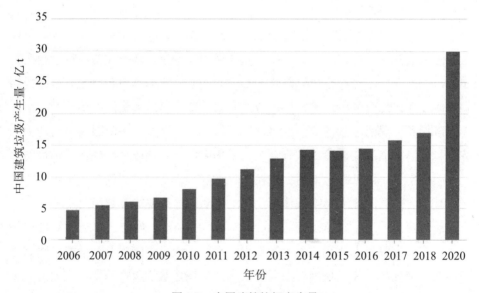

图 1-2　中国建筑垃圾产生量

工业固体废料主要包括碱渣、页岩、炉渣、粉煤灰、铁矿渣、油田污泥、煤矸石、锅炉煤渣、冶炼废渣、石材加工的石粉、石灰岩尾矿、磷矿渣、磷矿渣熟料等。工业固体废料经过雨雪淋溶，可溶成分随水从地表向下渗透，富集有害物质，使堆场附近土质酸化、碱化、硬化，甚至发生重金属型污染，固体废料成为危害环境的严重问题。工业固废长期堆存不仅占用大量土地，而且会造成对水系和大气的严重污染，对生态环境等很多方面产生长久的、大范围的、十分严重的危害，利用工业固体废料去除有害物质制成生态砌块具有重大意义。

全国各地建筑垃圾和工业固体废料不仅产生的数量巨大，储存未处理的数量也能高达 6 亿多吨。但是绝大多数地方都将这些固体废料运到郊外或乡村，露天堆放或填埋，却不经过任何处理，这样不仅侵占大量宝贵且有限的土地资源，造成我国人多地少的矛盾进一步加剧，而且要耗费大量的建设经费如土地征收费、废物清运费等，并且那些巨量、可以被资源化利用的建筑垃圾和工业固体废料被堆放与填埋本身就是在浪费资源。

建筑垃圾和工业固体废料如果通过不封闭的运输车辆来运输，这样在清运和堆放的过程中发生废物遗撒、粉尘飞扬等问题就在所难免，对城市形象和环境卫生影响十分不好。建筑垃圾和工业固体废料产生的粉尘、异味、细菌、污水等严重影响周围数公里或者更大范围区域人民群众的正常生活，威胁着人民群众的身体健康，使周围的生活环境恶化，工程固体废料存放占用大量土地，易造成地表沉降，产生严重安全隐患，这样的建筑垃圾和工业固体废料填埋场已经成为现代化城市的一颗"毒瘤"。

# 1.2　国内外相关领域技术发展水平

## 1.2.1　黄河淤泥综合利用研究

黄河是世界罕有的多沙河流，黄河的水量不及长江的 1/20，沙量却是长江的 3 倍。像黄河这样水量少、含沙量高的河流，在世界大江大河中是罕见的。黄河水量的 56% 来自兰州以上，全年 60% 的水量和 80% 的沙量来自汛期，而 90% 的泥沙却来自河口镇至三门峡之间。大量的泥沙淤积，河床抬高，黄河已经变成了"悬河"，加之它在历史上经常泛滥，最难治理，这又令人非常揪心。"悬河"主要表现在河南开封到入海口山东这个区段，悬河的总长度已经超过 550 km。如图 1-3 所示，现在黄河开封段河床底部高出两岸地面约 13 m 左右，开封市地下已淹埋了自汉唐至今的 7 个城市。悬河区段，降水不能流入黄河，汛期决堤在历史上就发生过 1 500 多次并造成了严重灾害。因此，治理黄河十分重要、紧迫。

根据张旭等的研究，黄河综合治理主要包括以下几个方面：

（1）继续加大放淤固堤，加固两岸堤防。进一步协调水沙关系，做到水资源节约、集约利用；加强黄河生态工程建设，做好生态系统保护，重点抓好水库等蓄水调水设施建设，做好黄河流域植被的保护与修复。

（2）抽沙填坑，抽沙造田。黄河巨量泥沙在出海口的浅海区沉淤堆积，演变形成了广阔的三角洲平原。黄河泥沙在河口造就了大片新生湿地，为生物多样性发展提供了基础。目前河口地区鸟类种类很多，陆生动物也很多，水生生物更多。利用黄河泥沙淤积，人工造就湿地保护区，以适应生物多样性是 21 世纪可持续发展的重要目标。

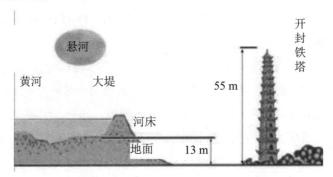

图 1-3　河南开封段黄河地上"悬河"

抽沙过程主要利用一种黄河吸沙船，该设备工作时高压水泵先抽取黄河水再加速喷到河道底部的泥沙层上，形成泥沙浆；抽泥沙泵再将泥沙浆通过管道排到岸上去。现在还有一种管道输运技术，可以把泥沙浆输运到 15 km 远的距离。利用这些技术，抽取黄河淤积的泥沙用于加固加宽黄河大堤，再植树固堤，改良盐碱化、贫瘠土地。现在黄河大堤山东段已经形成了数百千米的黄河大堤绿化带。中华人民共和国成立后，曾经 4 次加高黄河大堤，取土是在河堤旁边 50～100 m 之内，取土后形成低洼地，常年荒芜，无法耕种。另外，黄河下游也有不少盐碱涝洼地。利用这项技术，抽吸黄河淤积的泥沙用于改造盐碱涝洼地，改地改田。结合着引黄河水修渠灌溉，结合灌区清淤，这将大大改变生态环境、耕种环境。另外，现在也有了一种专门用于修筑河堤防渗墙的机器。所以，凭借我国现在的经济和技术实力，引黄灌溉工程将会有更快的发展。

（3）矿坑回填。这些处于黄河下游地区的各种矿区，开采后地面会有沉陷，用黄河泥沙填充是最方便不过了，这有利于保护可耕种面积，保护生态环境。

（4）用黄河淤泥制造建筑材料。提出用黄河淤泥制造墙地砖、空心砖、内燃烧砖、蒸养砖、免蒸免烧砖、多孔材料、黄河泥沙蒸压砖等，也可以制作烧结能承重的多孔砖。在建筑行业，由于混凝土结构、钢结构的普遍应用，用"砖"做承重墙的越来越少了。"砖"已经改为仅起围护作用的墙体材料，例如加气混凝土砌块、小型混凝土空心砌块、陶粒砌块、纤维石膏板、新型隔墙板等。墙体材料以粉煤灰、煤矸石、石粉、炉渣等废料为主要原料。现有的蒸压灰砂砖和蒸压粉煤灰砖是以粉煤灰、矿渣或灰砂为原料，添加石灰、石膏以及骨料，还添加发泡剂和稳泡剂，加水搅拌制成坯料，在半干状态下压制成型，还要经蒸汽养护等工艺才制成。所谓蒸汽养护，就是在高温高压的蒸汽中养护一定时间，其目的是让砖块的强度在最短的时间内达到最大。黄河泥沙蒸压砖，是由黄河泥沙、粉煤灰、水泥、固化剂、发泡剂制成坯料，半干挤压成型，再高效蒸汽养护等工艺制成。其体积密度、吸水率、抗风化性能、冻融试验、放射性物质试验均符合国标要求。黄河泥沙蒸压砖是不烧结的，强度比烧结砖低些，在框架结构中，这种砌砖用于内隔墙和外墙都可以。墙体材料应该具备质轻、隔热、隔音、保温、防火的功能，有效地减少环境污染，节省大量的生产成本，增加房屋使用面积等一系列优点。如果可以利用黄河泥沙制作墙体产品，不仅可以就地利用黄河泥沙资源，变废为宝，为治理黄河做出贡献，还可以为保护环境、保护耕地资源做出贡献。

（5）探索生产高附加值的工业产品。制作黄河泥沙蒸压加气混凝土砌块。这种蒸压加气混凝土砌块的主要原料是水泥、黄河泥沙、粉煤灰、多种添加剂、发泡剂和水，经科学配方，经过发泡、成型、高温高压蒸汽养护制成。蒸压加气混凝土砌块发气剂又称加气剂，是制造加气混凝土的关键材料。发气剂大多选用脱脂铝粉。掺入浆料中的铝粉，在碱性条件下产生化学反应，铝粉极细，产生的氢气形成许多小气泡，保留在很快凝固的混凝土中。这些大量的分布均匀的小气泡，使加气混凝土砌块具有许多优良特性。蒸压加气混凝土砌块的单位体积重量是黏土砖的 1/3，保温性能是黏土砖的 3~4 倍，隔音性能是黏土砖的 2 倍，抗渗性能是黏土砖的 1 倍以上，耐火性能是钢筋混凝土的 6~8 倍。砌块做墙的整体强度相当好。不同的配方能使砌块达到轻质、高强、抗裂，而且抗渗防水、保温、吸音、隔音、抗冻、抗风化等功能，有的砌块适合做外墙，有的适合做内墙。蒸压加气混凝土砌块的施工特性也非常优良，它不仅可以在工厂流水线上生产出各种规格，还可以在施工中进行锯、刨、钻、钉；再加上它的体积比较大，因此施工速度也非常快；还有它的边角余料也可作为各种建筑的填充材料。用黄河泥沙制作干混砂浆。现代建筑行业中，干混砂浆是在工厂里规模生产出来的成品砂浆，施工现场直接加水搅拌后即可使用，这也便于现场施工质量控制。黄河泥沙和添加剂复配，就可制作成干混砂浆。它在墙体砌筑、地坪、墙体粉刷等方面用量很大。黄河泥沙制作的干混砂浆具有广阔的市场前景；另外还可以利用黄河淤泥制作保温隔热材料等。

（6）制备微晶玻璃。微晶玻璃又称陶瓷玻璃，是综合玻璃、石材技术发展起来的一种新型建材。因为它的主要原料是矿石、工业尾矿、冶金矿渣、粉煤灰、煤矸石、泥沙等，生产过程中无污染，产品本身也无污染，所以微晶玻璃是环保材料。微晶玻璃制作过程有点类似于玻璃，一是玻璃熔融，二是晶化热处理（控制结晶生长，结晶的种类、大小、密度决定了产品的品质和品种），三是美学要求（例如，添加矿物粉末、化工原料粉末、金属氧化物粉末，可以仿真为天然石材的色彩，也可以调制为各种需求的色彩）。所以，微晶玻璃是一种科技含量较高的新型建筑材料。微晶玻璃集中了玻璃、陶瓷及天然石材的三重优点，它广泛应用于宾馆、饭店、商店、机场、车站、影剧院等高档建筑的幕墙及室内高档装饰，还可做机械上的结构材料，电子、电工上的绝缘材料，大规模集成电路的底板材料，微波炉耐热器皿，化工与防腐材料等，是具有发展前途的21世纪的新型材料。黄河泥沙中的含硅量达到73%，选用黄河泥沙作为主要原料，添加少量其他必需的成分，采用整体析晶法，我国现已成功制备出了建筑装饰用的微晶玻璃。经过扫描电镜观察，该微晶玻璃的微观结构为晶体与玻璃相的复合，在外观上则具有自然的纹路与柔和的光泽，具有较好的装饰效果。

（7）烧制陶粒制品。陶粒制品是近几年来兴起的新建筑材料，应用极为广泛。制作陶粒的原料也非常广泛，铝矾土、粉煤灰、黏土、页岩、煤矸石、生物污泥、河底泥沙等都可以做原料。陶粒制品的生产过程大致包括破碎、配料（根据不同要求配料）、粉磨、制球（料球直径可根据需要来调节）、煅烧（料球在回转窑内被煅烧成强度很高的陶粒）、成品冷却（冷却热能可循环利用）、筛分、分装等，生产完全自动化。陶粒可作为混凝土的骨料。用它替代普通混凝土中的石子骨料，强度效果和施工效果都十分显著。陶粒混凝土因具有方便、轻质、坚硬、抗震、耐火、保温等性能，在现代建筑行业中已被广泛使用，它既可以用于预制各种性能的混凝土砌块，也可以用于现浇的机械化施工。黄河大桥工程曾经用陶粒混凝土做车道板和桥面板。上海、宁波也用它建造公路桥梁。陶粒混凝土的应用范围十分广阔，也十分灵活。

研究利用产量巨大的自然固废黄河淤泥，考虑提高原料火山灰活性，根据区域资源优势，适当加入一定量的建筑垃圾、煤矸石、粉煤灰等固体粉料，生产新型生态砌块，不仅可以大量消耗黄河淤泥，而且可以缓解我国目前建筑材料紧缺问题。产品可以直接应用于黄河河道护坡、河坝、水库的修建，也可以应用于市政工程、道路工程、其他水利工程以及建筑工程等。因此，利用黄河淤泥研制节能、环保、绿色新型建筑材料，既解决了黄河淤泥处理问题，又解决了部分建筑原材料短缺问题，会产生显著的经济效益，社会效益、生态效益巨大。

吴本英等系统研究了利用黄河淤泥制备烧结承重多孔砖方法、黄河淤泥砖墙体力学性能及应用前景。对试块沿齿缝截面的抗弯性能进行测试，对其破坏过程、破坏形式和破坏特征进行总结，为黄河泥沙承重多孔砖墙体进一步的研究奠定了良好的基础。但黄河淤泥用于烧制实心砖、空心砖等建筑材料，不但消耗大量能源、污染环境，而且不利于发挥生土建筑节能、环保、保温、隔热、调湿等功能。

陈晓飞等分析黄河淤泥自身特性，针对其活性较低的特点，采取部分活化整体固结的方法，寻找到利用黄河淤泥制备黏土基墙体材料的途径。对黄河下游柳园口段黄河淤泥的物理化学性质进行分析，包括其含水率、颗粒级配、比表面积、化学组成、矿物组成以及微观结构等。同时提出混合料活性的概念，并对黄河淤泥的活性进行评价。优选激发剂，通过不同激发剂的激发效果的对比，得出最适宜的激发剂种类及掺量。试验结果表明，水玻璃（硅酸钠）和氯化钙以一定的比例复配以一定的掺量加入土样中时，试件性能较未激发时有所提高，抗压强度提高了。研究制备黏土基墙体材料原料的配合比设计，依据国家标准对墙体材料的要求，通过对比试验确定原料中各种物质的比例。采用自然养护的方法制备出的黏土基墙体材料符合要求。对制备的黏土基墙体材料进行性能测试，抗压强度、软化系数、抗冻性能都可以满足普通烧结砖的要求。

郑乐通过分析郑州花园口处黄河泥沙和焦作孟州处黄河泥沙的物理化学性质，采用碱激发的方法对其改性，并掺入粒化高炉矿渣粉、红色煤泥、黑色煤泥等掺合料，制备 90 d 抗压强度大于 10 MPa 的防汛石材。同时，借助 XRD 红外光谱、SEM 等微观测试技术，对改性黄河泥沙复合胶凝材料的抗压强度增强机理进行深入探索。

冯志远等主要研究了水泥、固化剂以及砂率对工程渣土制作免烧砖性能的影响。基于不同含砂率的工程渣土，掺入不同类型、不同掺量的固化剂和水泥制作工程渣土免烧砖，并对其抗压强度、软化系数（包含淡水和海水）进行研究。试验表明，各因素对抗压强度影响的排序为：水泥掺量＞含砂率＞固化剂掺量。试验研究采用含砂率25%的工程渣土，掺入一定水泥、固化剂生产工程渣土免烧砖，影响软化系数的主要因素是固化剂掺量，水泥掺量和含砂率影响较小。浸泡4 d 后试件抗压强度下降幅度较大，软化系数小于 0.8；持续浸泡到 28 d，强度会有所回升，软化系数达到 0.8 以上；随着浸泡时间延长，抗压强度持续增大，尤其是在海水中强度增长更明显；工程渣土免烧砖适用于海边、低洼潮湿环境。采用含砂率为 25% 的工程渣土，掺 15% ~ 18% 的 PO42.5 水泥、2.0% 高分子聚合物固化剂，生产的工程渣土免烧砖性能较好。

张育新研究了主要养护工艺参数对固化淤泥性能的影响规律，并结合自然养护的对比试验确定固化淤泥最佳养护制度；通过单因素及正交试验确定硅酸盐水泥基固化材料体系的最佳配合比；以最佳配合比的固化淤泥材料制备免烧砖，并开展对免烧砖成型工艺、力学性能、耐水性能等研究。通过单因素分析烘干温度、静养时间、烘干时间、烘后自然养护时间对淤泥试样力学性能的影响规律，结合正交试验确定固化淤泥材料最优养护制度为：静养时间 6.0 h，烘干温度 70℃、烘干时间 3.0 h，烘后自然养护 7 d。以硅酸盐水泥、粉煤灰、硅灰、生石灰等胶凝材料及多种化学外加剂为固化材料，研究其对淤泥固化性能的影响。研究表明，胶凝材料的固化能力依次为水泥＞硅灰＞生石灰＞粉煤灰，其中固化淤泥力学性能随水泥掺量呈线性提高；硅灰的掺入会影响淤泥试件的稠度；粉煤灰的掺入会降低淤泥试件的早期强度。基于最佳养护制度和固化材料配比，设计淤泥免烧砖，研究淤泥免烧砖的实验室制备工艺，通过分析免烧砖的外观质量和尺寸偏差、抗压强度、密度、吸水率、耐水性、耐酸碱腐蚀性等性能确定淤泥制备免烧砖的可行性。研究表明，淤泥免烧砖主要物理性能符合相应的标准要求。免烧砖的耐酸腐蚀性较差，耐碱腐蚀性较好。

坚持"以黄河淤泥治理黄河问题"的创新思想，目的就是让黄河淤泥作为不可再生资源的廉价替代品，研制免烧、节能、环保、低碳、低成本的工程生态砌块，不仅清理了黄河淤泥，改善了黄河流域生态环境，而且可以缓解我国目前建筑材料紧缺问题。黄河淤泥生态砌块还可以充分综合利用建筑垃圾以及其他工业生产中的废弃材料，变废为宝。

### 1.2.2 建筑垃圾及工业固废的资源化利用及实现路径

"十三五"期间，我国建筑业改革发展成效显著，全国建筑业总产值达 26.39 万亿元，实现增加值 7.2 万亿元，占国内生产总值比重达到 7.1%。建筑业作为国民经济支柱产业的作用不断增强，为推进新型城镇化建设、保障和改善人民生活、决胜全面建成小康社会做出了重要贡献。在取得成绩的同时，建筑业依然存在发展质量和效益不高的问题，集中表现为发展方式粗放、劳动生产率低、高耗能高排放、市场秩序不规范、建筑品质总体不高、工程质量安全事故时有发生等，与人民群众日益增长的美好生活需要相比仍有一定差距。《"十四五"建筑业发展规划》指出：要坚持创新驱动，绿色发展。推广绿色化、工业化、信息化、集约化、产业化建造方式，推动新一代信息技术与建筑业深度融合，积极培育新产品、新业态、新模式，减少材料和能源消耗，降低建造过程碳排放量，实现更高质量、更有效率、更加公平、更可持续的发展。建筑业快速发展过程中产生了大量的建筑垃圾。建筑垃圾中大多是废混凝土块、废砖、废砂浆，对资源化利用的技术要求较高，现阶段主要的再生利用途径就是生产再生骨料，继而用来配制再生制品，这不仅被看作一种绿色建筑制品，而且也为建筑垃圾提供了很好的出路，使建筑垃圾具有广阔的应用前景。工业固体废弃物主要包括粉煤灰、煤渣、矿渣、钢渣、铅锌渣、铁合金渣、发电煤矸石渣等，这些废渣的共同特点是以硅铝为主要成分，有一定活性，可经 $Ca(OH)_2$ 及活性剂激发以后产生胶凝强度，从而成为新型胶凝材料，可以有效替代水泥，节约产品成本。工业固体废弃物中的铁尾矿砂还可作为细集料用来制备混凝土。

国务院办公厅国办发〔2018〕128号《"无废城市"建设试点工作方案》提出，"无废城市"是以创新、协调、绿色、开放、共享的新发展理念为引领，通过推动形成绿色发展方式和生活方式，持续推进固体废物源头减量和资源化利用，最大限度减少填埋量，将固体废物对环境影响降至最低的城市发展模式。目前，建筑垃圾及工业固废的处理方式主要有四种：一是堆放、填埋；二是用于道路工程路基；三是加以资源化利用加工出再生粗、细骨料用来制备再生混凝土制品和砂浆；四是将资源化利用制作再生骨料剩余粉质材料应用到生态砌块当中，不仅资源化利用率被提高，而且取得的效果十分不错。

建筑垃圾及工业固废的资源化利用是一个复杂的系统工程。一般要经历产生、清理、运输、存放、分拣、分类处理、形成产品、市场推广等一系列环节，涉及范围广，处理周期长，牵涉部门多，需要考虑法律、政策、技术、管理、经济、环境、社会等诸多问题。目前，我国在建筑垃圾的收集、分类处理、综合利用方面还处于刚刚起步阶段，要想真正解决建筑垃圾问题，实现原料—建筑物—建筑垃圾—再生原料的循环，使原材料最大限度合理、高效、持久、循环利用，并把对环境的污染降至最小，必须考虑从以下几个方面着手：

（1）加强法律法规和相关行业标准的制定。

我国至今尚无一部国家的关于建筑垃圾、工业固废管理的法律、法规文件，《固体废弃物污染防治法》虽然在第四条规定要实施清洁生产，但只是原则性的表述，没有实质的规定。全国人大于1995年11月通过的《城市固体垃圾处理法》，要求产生垃圾的部门必须交纳垃圾处理费。这是从我国国情和现有技术条件考虑的，在当时阶段采取的一种限制建筑垃圾、工业固废大量产生和排放的有效措施。但这种收费办法，并不能从根本上堵住产生大量建筑垃圾、工业固废的源头，而且它也没有涉及建筑垃圾、工业固废的资源化问题。现有的法规规章中有关建筑垃圾、工业固废管理的定量指标更是无从查询，也缺少建筑垃圾、工业固废环境污染控制方面的标准，这给具体的管理工作带来了相当的困难。要尽快制定完善建筑垃圾、工业固废循环利用的法律法规。建立规范科学的建筑垃圾、工业固废减排指标体系、监测体系，强化建筑垃圾、工业固废的源头管理，提高条款的可操作性，避免指标空泛。在执法过程中要加大监督执法力度，坚决杜绝建筑垃圾、工业固废大量排放、随意排放和低水平再生利用，使建筑垃圾、工业固废资源化利用由行政强制逐渐成为全社会的自觉行动。要保证建筑垃圾、工业固废资源化利用的质量和效果，必须要制定一系列的标准规范，才能为建筑垃圾、工业固废资源化过程中每一个技术环节提供技术依据，找到质量控制点，使产品有合格验收的依据。

（2）加快建筑垃圾、工业固废处理和再生利用的技术研究。

目前我国建筑垃圾、工业固废资源化的成本过高，是阻碍资源化的一大原因。我国对建筑垃圾、工业固废处理和再生利用技术研究起步较晚，投入的人力、物力不足，虽然有一定的成果，但缺乏新技术、新工艺的开发能力，并且设备陈旧落后，与技术的全面推广还有很大的距离。因此要实现建筑垃圾、工业固废的资源化，必须从提高建筑垃圾、工业固废的分选水平、处理能力、再生骨料的品质和质量的稳定性、加快再生混凝土及制品的产品开发、研发适用的施工工艺等技术环节入手，提高产业的技术水平。同时发展和引进国外先进技术，研究适合我国建筑垃圾、工业固废回收的仪器设备，开发适合我国建筑垃圾、工业固废资源化的方案是解决资源化的出路，推进建筑垃圾、工业固废资源化再利用应用技术，建立示范工程。

另外，建立资源化标准体系是确保资源化能够成为产业化的保证，我国在这方面的科研投入始终不足，使得一些相应的技术标准和指标参数仍无法建立。比如，指导建筑垃圾、工业固废循环再利用的建筑垃圾、工业固废的结构、强度、力学等方面的特性指标，建筑垃圾、工业固废代替原材料的技术、方法、安全系数等都有待研究。

（3）加大政策扶持力度，培养产业发展。

在建筑垃圾、工业固废资源化产业中，政府处于核心地位。这是因为建筑垃圾、工业固废资源化产业高投入低附加值的特点，企业发展前期基本属于微利或者无利状态，该产业的正常运转必然离不开政府的一系列措施。另外，由于其巨大的社会效益和创建生态文明社会的重大意义，政府也理应参与其中。

国外先进经验表明，要真正实现建筑垃圾、工业固废资源化，必须走产业化的道路。而在当前市场经济条件下，要形成产业并获得发展，必须要充分调动企业的积极性。将建筑垃圾、工业固废综合利用推向市场，走市场化的运作路线。鼓励国内外投资经营者参与建筑垃圾、工业固废的处理和经营。而政府要从政策上加大引导和扶持力度，运用政策、价格、财税、奖励等多种手段，保证建筑垃圾、工业固废处理企业有一定的收益，才能培育起建筑垃圾、工业固废资源化和产业化。另外对建筑垃圾、工业固废资源化的产品，政府工程要首先带头使用。并建立配套制度，规定房地产商原材料按一定比例使用，达到要求的给予税收等方面的优惠。从而实现从生产到产品消费的各个阶段，都有相应的优惠制度，提高建筑垃圾、工业固废再利用产品的市场占有率，才能推动建筑垃圾、工业固废综合利用的产业化。

郑州鼎盛工程技术有限公司专业从事粉碎工程技术产品研发与服务，是中国专业的粉碎工程、机械装备、耐磨材料技术产品研制与服务的河南省创新型试点企业。该公司的建筑垃圾的处理理念是将建筑垃圾进行分拣、破碎，筛分出大颗粒作为骨料，细颗粒代替砂，这样建筑垃圾回收率高达60%左右。但剩余40%多的粉料没有很好的处理方法。卢青研究了固弃物添加混合料固化剂的固化土路用性能。杜晓蒙等对我国建筑垃圾的循环利用研究现状与对策，建筑废物处理利用现状及发展趋势，建筑废弃物的资源化利用与再生工艺，建筑垃圾及工业固废生态砌块等方面进行研究及应用实践。但目前研究成果还存在两个方面的问题：一是粉料利用率低，工程固废经过处理分拣后，钢筋、木材等可以直接回收，混凝土、砌体块材破碎筛分后大颗粒骨料可以代替石子，细颗粒料可以代替砂子，粉料用作免烧砌块，利用率较低，如果粉料丢弃填埋，又会造成二次污染。二是当前（蒸养）振密成型制作砌块（砖）需要添加一定比例沙子、水泥、石灰、粉煤灰以及特定的固化剂（碱激发剂）等，需要蒸汽养护，成本较高，没有市场竞争力。结合本项目研究成果，在制作黄河淤泥生态砌块时，可以把建筑垃圾、工业固废粉料作为添加料，使建筑垃圾、工业固废的资源化综合应用率达到100%，减少环境污染问题，并且可以减少水泥等胶凝材料的用量，降低生态砌块生产成本。

### 1.2.3 块材材料发展现状

#### 1.2.3.1 中国制砖行业发展历史沿革

中国是世界上最早生产烧结砖的国家之一。早在 7 000 多年前的新石器时代就开始在建筑上使用"红烧土块";5 500 年前左右现代形体概念上的烧结砖就已经出现;4 100 多年前出现了用"还原法"烧制的青砖;4 000 多年前就有了制作精美的烧结板瓦与筒瓦;3 600 多年前"轮制法"普遍用于瓦的生产。从此,烧结砖瓦以其具有遮风挡雨、保温隔热、耐久抗风化、抗腐蚀、隔声、阻燃、装饰等多种功能以及舒适、健康、环保的优异性能与人类生活结下了不解之缘。它历经远古时期的盛世辉煌、近代的衰落和现代的复兴与崛起,伴随着华夏民族绵延数千年,其本体上的文化附着成为世界文化宝库中的璀璨明珠。论古而知今,几经沉浮,在科学发展观引导下,有国家各项产业政策的指导和支持,相信经过我国砖瓦行业广大同仁的不懈努力,中国砖瓦行业将迎来新的发展机遇。历经转型发展的中国砖瓦,产业结构和产品结构将不断趋向优化和提升,中国传统的砖瓦文明在新的历史时期将转型发展,以崭新的风貌继续得以传承和发扬。

(1)古代的盛世辉煌。

远在 3 100 多年前我国就有了世界上最早的大型空心砖。在约 3 000 年前的西周出现了瓦当,即在筒瓦顶端下垂部分由素面到纹饰,增添了瓦和建筑物的美感。春秋晚期或战国初(距今 2 400～2 550 年)便出现了画像砖。北魏平城(距今 1600～1700 年前)就出现了琉璃瓦和表面被打磨得漆黑发亮的烧结砖瓦产品。秦、汉时期是中国封建社会的强盛时期之一,秦、汉时期的制砖水准达到了史上鼎盛,图 1-4 为珍藏汉砖照片。秦朝制砖的原料选择和工艺非常严格,规定要由专门的官窑烧制,由专门的"司空"机构监管,因此,秦朝制砖的质量达到了前所未有的高度,可谓"敲之有声,断之无孔",被誉为"铅砖"。隋唐时期出现了闻名后世的青棍砖、青棍瓦。也许从那时起,中国就有了皇宫铺地专用的最早的"金砖"。1 000 多年前的五代时期出现了窑后砖雕作品,宋(金)、元、明、清时期的烧结砖瓦装饰艺术开始从皇家宫廷走入民间,被大量使用于民间建筑。尤其是明清时期的屋顶装饰构件、砖雕和皇宫铺地用的金砖制作更加精美,标志着我国砖瓦制作工艺达到了高度成熟,极大地丰富了中华民族古建筑文化。

(2)近、现代的衰落与欧美砖瓦的快速发展。

清朝中晚期,由于统治者闭关锁国、腐朽没落,中华民族备受列强欺凌,中国沦为半封建、半殖民地社会。其间曾有有识之士引入了西欧的机制砖瓦技术,但终因受外敌入侵和接连不断的内战，使我国的砖瓦制作工艺陷入了低谷，许多砖瓦制作新技术也沉溺沧海，从此我国砖瓦工业逐渐衰落。第二次世界大战后的欧洲各国为应对能源紧缺与环境恶化，在不断提高的建筑能耗标准的推动下，砖瓦装备技术、生产工艺不断优化和提升，烧结砖瓦的品种、性能、功能大幅度提高，市场应用比例不断扩展，企业生产规模迅速扩大，使得欧美的砖瓦工艺迅速领先世界，达到了前所未有的高度，而我国砖瓦工业的发展与其差距越拉越大。目前，欧洲砖瓦工业在生产上采用矿物学方法分析、研究烧结砖瓦原材料特性及通过对产品性能的影响指导生产，用现代流变学的方法研究生产过程并指导设备的设计，用断裂力学方法研究分析产品的性能，用现代自动化智能控制方法装备烧结砖瓦生产线，用现代生态学理论及方法指导产品开发，计算机应用技术和机器人已普遍应用于烧结砖瓦生产线。

图1-4 汉砖

（3）当代的复兴与进步。

中华人民共和国成立后，我国城乡建设百废待兴。在国家"自力更生，艰苦奋斗"的方针指引下，我国砖瓦工业的基本构架已初步形成。一是经过国民经济两个"五年计划"，全国各地相继建设起一大批具有千万块标砖产能的国营机砖厂；二是在砖瓦机械制造方面取得进展，1965年我国加工制造出了第一台真空挤出机，并于 1967 年正式投入使用；三是轮窑烧成体系从小窑型向大窑型转变，通过引进苏联的隧道式人工干燥室后，自然干燥向人工干燥技术转变；四是我国第一座烧结砖隧道窑于 1958 年建成。这些成就标志着我国砖瓦工业体系在复兴中逐渐形成。改革开放以后，中国经济建设逐步进入高速发展期，国际上一些知名砖瓦机械和窑炉装备企业纷纷进驻中国。尤其是 20 世纪 80 年代初到 90 年代，我国先后从意大利、西班牙、德国、波兰、法国、美国、荷兰等国家引进了数十条先进的烧结砖生产线，通过对设备技术的引进、消化、吸收和再创新，积累了较为丰富的经验，促进了我国砖瓦行业的技术水平的快速提升。我国砖瓦机械生产企业研制了变径变螺距、大型号（如 Φ750/650 型、Φ700/600 型）挤出机、紧凑型挤出机、半硬塑挤出机等；自动化码坯机、自动化上下架系统设备、窑车运转系统设备、自动切坯运转设备；挤出搅拌机、高速细碎对辊机、轮碾机、陈化库侧向及横向液压挖掘机、屋面瓦整形机等，初步形成了原料制备、软塑、半硬塑成型，码坯系统和窑炉系统的配套砖瓦机械设备制造体系。

### 1.2.3.2 块材分类

土木工程常用的砌筑块体材料包括砖、砌块、石材三类。砖与砌块通常是按块体的高度尺寸划分的。块体高度小于 180 mm 的称为砖，大于等于 180 mm 的称为砌块。砌体工程所用的材料应有产品的合格证书、性能检测报告，块材、水泥、钢筋、外加剂等尚应有材料主要性能的进场复验报告。严禁使用国家明令淘汰的材料。

（1）砖。

砌筑用砖分为实心砖和空心砖两种。普通砖的规格为 240 mm × 115 mm × 53 mm。根据使用材料和制作方法的不同，砖又分为烧结普通砖、烧结多孔砖、烧结空心砖、蒸压灰砂空心砖、蒸压粉煤灰砖等。

①烧结普通砖。烧结普通砖为实心砖，是以黏土、页岩、煤矸石或粉煤灰为主要原料，经压制、焙烧而成的。按原料不同，可分为烧结黏土砖、烧结页岩砖、烧结煤矸石砖和烧结粉煤灰砖。烧结普通砖的外形为直角六面体，其公称尺寸为长 240 mm、宽 115 mm、高 53 mm。根据抗压强度分为 MU30、MU25、MU20、MU15、MU10 五个强度等级。

②烧结多孔砖。如图 1-5 所示，烧结多孔砖使用的原料、生产工艺与烧结普通砖基本相同，其孔洞率不小于 25%。砖的外形为直角六面体，其长度、宽度及高度尺寸 (mm) 应符合 290、240、190、180 和 175、140、115、90 的要求。根

据抗压强度分为 MU30、MU25、MU20、MU15、MU10 五个强度等级。

图 1-5　烧结多孔砖

③烧结空心砖。如图 1-6 所示，烧结空心砖的烧制、外形、尺寸要求与烧结多孔砖一致，在与砂浆的接合面上应设有增加结合力的深度 1 mm 以上的凹线槽。根据抗压强度分为 MU5、MU3、MU2 三个强度等级。

图 1-6　烧结空心砖

④蒸压灰砂空心砖。蒸压灰砂空心砖以石英砂和石灰为主要原料，压制成型，经压力釜蒸汽养护而制成的孔洞率大于 15% 的空心砖。其外形规格与烧结普通砖一致，根据抗压强度分为 MU25、MU20、MU15、MU10、MU7.5 五个强度等级。

⑤蒸压粉煤灰砖。蒸压粉煤灰砖以粉煤灰为主要原料，掺配适量的石灰、石膏或其他碱性激发剂，再加入一定数量的炉渣作为骨料蒸压制成的砖。其外形规格与烧结普通砖一致，根据抗压强度分为 MU20、MU15、MU10、MU7.5 四个强度等级。

（2）砌块。

砌块一般以混凝土或工业废料作原料制成实心或空心的块材。它具有自重轻、机械化和工业化程度高、施工速度快、生产工艺和施工方法简单且可大量利用工业废料等优点，因此，用砌块代替普通黏土砖是墙体改革的重要途径。砌块按形状分有实心砌块和空心砌块两种。按制作原料分为粉煤灰、加气混凝土、混凝土、硅酸盐、石膏砌块等数种。按规格来分有小型砌块、中型砌块和大型砌块。砌块高度在 115 ~ 380 mm 的称小型砌块；高度在 381 ~ 980 mm 的称中型砌块；高度大于 980 mm 的称大型砌块。常用的有普通混凝土小型空心砌块、轻集料混凝土小型空心砌块、蒸压加气混凝土砌块、粉煤灰砌块等。

①普通混凝土小型空心砌块。普通混凝土小型空心砌块以水泥、砂、碎石或卵石加水预制而成。其主规格尺寸为 390 mm × 190 mm × 190 mm，有两个方形孔，空心率不小于 25%。根据抗压强度分为 MU20、MU15、MU10、MU7.5、MU5、MU3.5 六个强度等级。图 1-7 为美国仿石材小型混凝土砌块。

图 1-7　美国仿石材小型混凝土砌块

②轻集料混凝土小型空心砌块。轻集料混凝土小型空心砌块以水泥、砂、

轻集料加水预制而成。其主规格尺寸为 390 mm × 190 mm × 190 mm。按其孔的排数分为单排孔、双排孔、三排孔和四排孔等四类。根据抗压强度分为 MU10、MU7.5、MU5、MU3.5、MU2.5、MU1.5 六个强度等级。

③蒸压加气混凝土砌块。蒸压加气混凝土砌块以水泥、矿渣、砂、石灰等为主要原料，加入发气剂，经搅拌成型、蒸压养护而成的实心砌块。其主规格尺寸为 600 mm × 250 mm × 250 mm。根据抗压强度分为 A10、A7.5、A5、A3.5、A2.5、A2、A1 七个强度等级。图 1-8 为使用蒸压加气混凝土砌块的墙体。

图 1-8　使用蒸压加气混凝土砌块的墙体

④粉煤灰砌块。粉煤灰砌块是以粉煤灰、石灰、石膏和轻集料为原料，加水搅拌，振动成型，蒸汽养护而成的密实砌块。其主规格尺寸为 880 mm × 380 mm × 240 mm，880 mm × 430 mm × 240 mm。砌块端面应加灌浆槽，坐浆面宜设抗剪槽。根据抗压强度分为 MU10、MU13 两个强度等级。

（3）石材。

砌筑用石材有毛石和料石两类。所选石材应质地坚实，无风化剥落和裂纹。用于清水墙、柱表面的石材，应色泽均匀。石材表面的泥垢、水锈等杂质，砌筑前应清除干净，以利于砂浆和块石黏结。毛石分为乱毛石和平毛石。乱毛石是指形状不规则的石块；平毛石是指形状不规则，但有两个平面大致平行的石块。毛石应呈块状，其中部厚度不宜小于 150 mm。料石按其加工面的平整程度分为细料石、粗料石和毛料石三种。料石的宽度、厚度均不宜小于 200 mm，长度不宜大于厚度的 4 倍。根据抗压强度分为料石 MU100、MU80、MU60、MU50、MU40、MU30、MU20、MU15、MU10 九个强度等级。

### 1.2.3.3 当代中国制砖行业环保政策

中国砖瓦行业整体大而不强，由于部分砖瓦企业主体责任意识不强，环境管理能力欠缺，砖瓦行业环境问题较多，砖瓦行业大气污染治理和节能减排工作及任务十分艰巨，且日益成为建材工业稳增长调结构增效益的短板。从 2014 年 1 月《砖瓦工业大气污染物排放标准》（GB 29620—2013）实施以来，砖瓦生产的环保问题开始得到整个行业前所未有的重视，标准实施之前行业上脱硫设施的企业不足 20 家，到现在有 3 000 多家企业安装了脱硫除尘设施，难以达标排放的小轮窑企业在标准实施后的 3 年多时间里已经淘汰了 1 万多家，整个砖瓦行业对环保问题从认识到行动都发生了巨大的变化。据中国环境报 2018 年 1 月 17 日发布生态环境部通报，2017 年 7 月以来，生态环境部在全国范围内组织开展了砖瓦行业环保专项执法检查，专项检查中近六成企业存在环境问题。据统计，全国共排查砖瓦企业 32 103 家，发现 18 095 家存在环境问题，占检查企业的 56%，对 3 354 家企业进行了罚款，责令限期改正 7 189 家、停产整治 4 870 家、报请政府关停 8 743 家。通过专项执法检查，严厉打击了一批砖瓦行业环境违法企业，促进了行业整体守法水平提升。从督查情况来看，除个别地区外，各地高度重视并督促砖瓦行业企业按要求进行整治。因此，我国砖瓦行业必须依据中国建材联合会"超越引领、创新提升"战略，因势利导推动中国砖瓦行业大气污染治理和节能减排各项工作的开展。

2018 年 5 月 18～19 日，全国生态环境保护大会在京召开，显示了中央对生态环境保护问题的高度重视。6 月 16 日国务院下发的《中共中央国务院关于全面加强生态环境保护 坚决打好污染防治攻坚战的意见》（国发〔2018〕22 号）提出"决胜全面建成小康社会，全面加强生态环境保护，打好污染防治攻坚战，提升生态文明，建设美丽中国"，因此我国环保形势更加紧迫。我国砖瓦行业以上述工作为契机，结合我国砖瓦协会首个团体标准《烧结砖瓦工业协会治理设施工程技术规范》（T/GBTA 0001—2018)的宣贯实施，按照《推进砖瓦行业供给侧结构性改革打赢四个"攻坚战"的指导意见》《关于加快烧结砖瓦行业转型发展的若干意见》两个文件精神，推进大气污染治理和节能减排工作的落实，到 2020 年底，实现在现有基础上淘汰落后生产工艺 50% 以上；全行业实现大气污染物治理、节能减排在生产各个环节全部达标的三年目标。随后的几年，砖瓦行业在环保和转型升级的双重压力下，砥砺前行、攻坚克难，在国家产业政策的指导下，全力引领行业攻行业瓶颈，补环境治理，以节能减排和科技创新为手段，打造绿色生态、"墙材＋文化＋建筑"跨界发展和极具竞争力、生命力的基础材料＋节能建筑＋绿色建筑＋生态建筑，引领中国砖瓦行业全面步入创新发展、低碳节能、绿色制造、环保生态的新时代，为实现中华民族伟大复兴，实现"两个一百年"的宏伟目标而努力奋斗。

### 1.2.3.4　块体材料行业痛点

黄河淤泥量很大，不同河段淤泥的成分也就不同，千百年来，多次清理河道，挖出的黄河淤泥主要用于加高加宽河梯。有些区域的淤泥经处理提取后，烧制工艺品，如泥牛、泥壶等。从河南兰考开始的黄河中下游河段，河南范县区域的河段，以及山东的大部分河段，黄河淤泥含沙少黏性大，用于烧制标砖，就是颇有盛名的"黄河砖"。由于烧制砖能耗大、污染重，近几年被全面叫停。黄河淤泥蒸养砖是一种新型的建筑材料，以黄河淤泥为主要原料，加入石灰等胶凝材料，经破碎、搅拌、加压成型、蒸养等工艺生产而成。黄河堤坝修复及流域城乡建设，建材需求量很大，利用黄河淤泥能够制作成免烧砖，是有非常重要的意义，既解决了黄河淤泥的问题，又满足了建材的需求。包括黄委员会黄河水利科学研究院、华北水利水电大学、郑州大学等科研单位及高等院校，为研究黄河淤泥资源化利用做出了很有价值的科学研究，其中制造免烧砖是重要的研究内容，蒸养砖虽不需要烧制，避免了一定的环境污染，但养护条件要求较高，并且需要消耗大量的水泥、石灰、粉煤灰等胶凝材料，成本相对较高。因此，由于技术路线、试验方法、原料参数等因素，造成免烧砖要么强度不够，要么成本太高，未能进行工业化的推广。

目前，免烧砖（砌块）生产仍然存在三个方面的问题：第一，用黄河淤泥做烧结砖能耗高、污染环境；第二，当前蒸养振密成型制作砌块（砖）需要添加一定比例沙子、水泥、石灰、粉煤灰以及特定的固化剂（碱激发剂）等，需要蒸汽养护，成本较高，没有市场竞争力；第三，传统制砖企业设备自动化程度有限，急需建立根据原材料特性的变化而调整相应生产工艺的在线分析配料系统。

### 1.2.3.5　黄河淤泥及固体废料生态砌块发展前景

黄土高原地区突出的水土流失问题，导致黄河中下游泥沙严重淤积，黄河形成河床高出两岸地面的地上悬河。强烈的水土流失不仅制约着当地的经济发展和人民的生活水平的提高，而且造成这一地区生态环境脆弱，严重威胁着黄河下游两岸人民的生命财产安全，极大地制约了黄河流域经济发展。建筑业及工业的高速发展产生的大量固体废料，存在着占用土地、降低土地质量，散发有毒气体、影响空气质量，有害物质随水流失渗透、污染水源，到处堆放，影响环境卫生、影响市容等问题。

1992 年《国务院转批国家建材局等部门关于加快墙体材料革新和推广节能建筑意见的通知》指出，为了加快墙体材料革新和节能建筑的发展，国家有关部门要根据产业政策要求，制定配套的政策法规，对发展新型墙体材料和节能建筑实行鼓励政策，对生产和应用实心黏土砖实行限制政策。国家对墙体材料倡导大力研究开发具有高效、节能、节土、利废、环保的轻质、高强、保温、隔热、防火型新型复合墙体材料。因此，综合资源化利用工程固废粉料，研究节能、保温、绿色新型材料，既具有重要的社会经济意义，也具有紧迫的现实意义。为了推动砖瓦行业向节能利废和墙材革新的方向发展，2005 年 10 月国务院又出台了《国务院办公厅关于进一步推进墙体材料革新和推广节能建筑的通知》（国发〔2005〕33 号）。我国砖瓦企业积极响应国家号召，利用建筑垃圾和工业废渣生产新型墙材产品，并且不断加大废渣用量，在发展节能新型复合墙体材料方面取得了显著的技术进步。

传统的块体材料有烧结黏土砖、内燃砖、蒸压砌块和混凝土砌块等。烧结黏土砖能耗高、污染环境、破坏耕地严重，国家限制或禁止使用。蒸压砌块、混凝土砌块要耗费大量砂石、水泥、石灰、粉煤灰等材料，建筑材料中砂石等也是不可再生资源，价格逐年攀高，水泥使用量大，造成产品成本大幅增加，因此，也需要寻找这些建筑材料的替代原料。目前，砖瓦行业制砖用原料已从原来单一的黏土向资源综合利用方向发展，包括废混凝土粉、废砖粉等建筑垃圾，以及页岩、江河湖淤泥、煤矸石、粉煤灰、各种工业废弃物等。产品的品种已从单一的黏土实心砖发展成多品种和多规格的烧结多孔砖、空心砖、多孔砌块、空心砌块、装饰砖、路面砖、装饰挂板等。非烧结类的蒸压灰砂砖、蒸压粉煤灰砖、加气混凝土、混凝土砌块、建筑垃圾生态砌块、工业固废免烧砖等。

建筑垃圾及工业固废生态砌块虽然在我国已经获得了较好的发展和应用，但对于它的概念目前尚缺乏全面、科学的阐述，因此造成了人们在概念上的模糊，因此，澄清生态砌块的概念，是生产好、用好生态砌块的基础。建筑垃圾及工业固废在生态砌块中的利用主要分为两大类。第一类生态砌块是以水泥为主要胶结材料，以砂石为普通骨料，建筑垃圾或工业固废为再生骨料，必要时加入适量外加剂，经坯料制备，然后压制（或振动、浇注）成型，再经自然养护（或蒸汽养护）而成的实心或空心承重墙体砖。第二类生态砌块是以各种工业活性废渣为原料（或将建筑垃圾粉磨细化后，使其具有一定的水化活性），加入一定的激发剂、适量石灰和水泥一起作为胶凝材料，加入砂石，经坯料制备，然后压制（或振动、浇注）成型，再经自然养护（或蒸汽、蒸压养护）而成的实心或空心承重墙体砖。

根据相关文献研究成果，结合相关学者多年的试验研究，以黄河淤泥为主要原料，根据区域资源优势，适当加入一定量的建筑垃圾以及工业固体废弃物粉料，利用水泥为主要胶凝材料，依据材料成分及矿物组成，研发适宜固化剂，利用静压成型的生产技术，研制黄河淤泥生态砌块，不仅符合国家墙体材料革新的产业政策，而且节能、环保、无污染，自然养护即可（如图1-9所示），具有巨大的经济效益、社会效益以及生态效益。黄河淤泥生态砌块的研究具有以下意义。

图1-9　生态砌块（砖）自然养护现场

第一，坚持"以黄河淤泥治理黄河问题"的创新思想，目的就是让黄河淤泥作为不可再生资源的廉价替代品，研制免烧、节能、环保、低碳、低成本的工程生态砌块，不仅清理了黄河淤泥，改善了黄河流域生态环境，而且可以缓解我国目前建筑材料紧缺问题。

第二，黄河淤泥生态砌块还可以充分综合利用建筑垃圾以及其他工业生产中的废弃材料，变废为宝。可以助力"无废城市"建设，助力"碳达峰、碳中和"的实现。

第三，充分利用大自然的废料——黄河淤泥生产出大量的新型生态砌块，可以直接用于黄河护岸、建设堤坝、水库等生态工程，与党中央的大保护、大治理、清淤护岸、"以黄河淤泥治理黄河问题"的创新思想高度一致。可以助力于黄河流域的综合生态治理，这既具有重要的社会经济意义，也具有紧迫的现实意义。

# 第 2 章　黄河淤泥生态砌块所用原材料

原料、配比、工艺、设备是生产生态砌块的四大技术要素，原料及配比是其中最重要的技术要素，工艺、设备都是围绕原料及配比展开的。因此，原料的选择及配比设计在生态砌块的生产中占据重要位置。根据新型墙体应"节土、省地、利废、环保"的原则，黄河淤泥生态砌块主要以黄河淤泥为主要原料，添加一定量的建筑垃圾和工业固体粉料，这不但是国情的选择，也是可持续发展的需要。生态砌块的原料一般由四部分构成：黄河淤泥、辅助添加料、胶凝材料、固化剂。

## 2.1　黄河淤泥

黄河淤泥居于我国各大江河之首，黄河也是世界上罕见的多沙河流。黄河淤泥不但对地表水资源的开发利用和水利工程效益影响较大，而且河道淤积对下游防洪威胁严重。河南区域内黄河位于黄河中游下段和下游上段，河道宽浅、散乱，主流摆动大，为典型的游荡性宽浅河道，河道平面外形呈宽窄相间的藕节状，收缩段与开阔段交替出现，滩地面积占河道面积的 80% 左右，滞洪淤沙现象显著。由于黄河流域的治理开发及人类活动，使黄河流域的环境与工程条件发生了巨大的变化，进而造成了黄河水沙条件的重大改变。河槽过水面积大幅度减小，排洪能力急剧降低，平滩（水涨淹没、水退显露的淤积平地）流量大大减小，形成"枯水小槽"（河道流量较小、水位较低的河槽较窄的情况）的河道状况，挖河减淤成为治理黄河的重要措施之一。

黄河淤泥属硅酸盐类黏土矿物，其物化性能及工艺性能良好，将其用于生产建筑材料等工业制品存在着可能性。但黄河淤泥作为建筑材料的主要原料同时也存在着许多缺陷。为了充分发挥黄河淤泥这种自然废料的潜在价值，必须研究黄河淤泥的组成及各种特性。黄河泥沙颗粒分布具有上游粒度大、下游粒度小、上游沙土性质明显、下游黏粒逐渐增多的特点。自然淤积的黄河淤泥往往分层结块，粒径分布范围比较窄，化学成分在不同河段上有一定的差异。由于黄河河水急、沙慢淤的淤积特点，不同河段，甚至同一河段不同部位的泥沙都有一定差别，不同的洪水类型对泥沙的沉积都有重要的影响。以郑州市区间内泥沙沉积为例，上大型洪水（以河口镇至龙门区间和龙门至三门峡区间来水为主形成的大洪水称上大型洪水）具有洪峰高、洪量大、含沙量高的特点，下大型洪水（以三门峡至花园口区间来水为主形成的大洪水称下大型洪水）具有上涨历时短、汇流迅速、洪水预见期短等特点，它们在不同程度上影响着泥沙的沉积。且河道的宽窄曲直、离河心距离的远近不同，淤泥沙的颗粒大小、可塑性和工艺性能都不尽相同，因此要选择适宜河段的泥沙作为生产原材料，着重考虑原材料的塑性性能。

### 2.1.1 黄河淤泥的化学成分

吴本英选择在郑州黄河某河段采淤制砖，对黄河淤泥的化学特性进行了分析，试验测得黄河淤泥的化学成分如表 2-1 所示，主要由 $SiO_2$、$Al_2O_3$、$Fe_2O_3$、$CaO$、$MgO$、$NaO$ 和 $K_2O$ 等组成，与黏土的化学成分基本相近，但其主要成分所占比例不同。黄河淤泥主要由高岭石、钠长石、钙长石、铁矿石、石灰石等矿物组成，其主要化学成分（质量百分比）的变化范围为 $SiO_2$ 占 55%～65%，$Al_2O_3$ 占 10%～15%，$Fe_2O_3$ 占 3%～7%，$CaO$ 占 5%～10%，$MgO$ 小于 5%。

表 2-1 黄河淤泥化学成分的质量分数

| 化学成分 | $SiO_2$ | $Al_2O_3$ | $Fe_2O_3$ | $CaO$ | $MgO$ |
|---|---|---|---|---|---|
| 质量分数 | 60.30% | 11.44% | 4.90% | 8.20% | 3.11% |

试验分析发现，其中 $SiO_2$ 的质量分数直接影响黄河淤泥的可塑性，适宜的 $Al_2O_3$ 的质量分数使制品具有足够的强度和适宜的烧成温度。$CaO$ 的质量分数适宜在 0～10% 之间，不宜太高，否则会造成以下情况：

①缩小烧成温度范围，给烧结带来困难。

②如果其颗粒较大，易导致石灰爆裂。

③在 700℃时，会与含铁的矿物化合，使砖的红色得到漂白，从而形成黄色或浅黄色。

### 2.1.2 黄河淤泥的部分物理性能

烧结多孔砖在生产工艺上比烧结实心砖有更严格的技术要求，首先生产原料必须具备一定的条件。如生产烧结多孔砖的原料的塑性指数必须满足一定的范围，否则难以成型。为保证成型废品率降低到较小值，要不断调整成型含水率，使坯体挤压密实，减少干燥线收缩率等。其实对于原料的一些特性是可以通过技术处理得到改善，而达到成型要求的。为此，对黄河淤泥的塑性指数、含水率等物理性能进行测定如表 2-2 所示。

表 2-2　黄河淤泥的物理性能

| 塑性指数 | 自然含水率 /% | 风化后含水率 /% | 成型含水率 /% | 干燥线收缩 /% | 烧成线收缩 /% |
| --- | --- | --- | --- | --- | --- |
| 8~12 | 17 | 10 | 20 | 11.5 | 0.55 |

### 2.1.3　黏土及其他土

黏土是由天然硅酸盐类的岩石经长期风化而成的多种矿物的混合物。其成分包括具有层状结构的含水硅酸盐和含水铝硅酸盐，如高岭石、蒙脱石、伊利石等。黏土矿物赋予黏土良好的可塑性，是黏土能够制成各种形状的决定性因素，也是黏土一直以来作为生产各种建筑材料的主原料的原因。其主要化学成分如表 2-3 所示。

表 2-3　黏土的化学成分

| 化学成分 | $SiO_2$ | $Al_2O_3$ | $Fe_2O_3$ | $CaO$ | $MgO$ |
| --- | --- | --- | --- | --- | --- |
| 质量分数 | 70.10% | 11.96% | 5.32% | 2.22% | 0.95% |

郑州段黄河淤泥基本属于沙土性质，做砖（砌块）成型难度较大，可以考虑加入一定量的黏土。另外，黄河淤泥制备生态砌块试验成功，此项技术可以推广应用到其他类型的土方，例如盾构渣土、工程挖方等。

## 2.2　辅助添加料

在利用黄河淤泥、盾构渣土、工程挖方等素土材料制作生态砌块时，由于材料本身粒度细、活性低，为了减少胶凝材料、固化剂的添加量，可以考虑在黄河淤泥等素土材料里添加一定量的建筑垃圾、粉煤灰、煤矸石等粉状添加料，增加材料里活性硅源，降低制砖（砌块）的成本。

随着我国建筑行业的高速发展，工业固体废弃物的产量也急剧增加。工业固体废弃物是在工业生产过程中排出的采矿废石、选矿尾矿、燃料废渣、冶炼及化工过程废渣等固体废物。工业固体废弃物一般包括煤系固体废弃物、钢铁工业冶金废渣、有色金属冶炼渣、矿业固体废弃物等，这类废渣的共同特点是以硅铝为主要成分，有一定的活性，可经 $Ca(OH)_2$ 及活性剂激发以后产生胶凝强度，从而成为新型胶凝材料，可以有效替代水泥，节约产品成本。主要工业固体废弃物来源、产生过程和分类见表2-4。

表2-4 主要工业固体废弃物来源、产生过程和分类

| 来源 | 产生过程 | 分类 |
|------|----------|------|
| 矿业 | 矿石开采和加工 | 废石、尾矿 |
| 冶金 | 金属冶炼和加工 | 高炉渣、钢渣、铁合金渣、赤泥、铜渣、铅锌渣、汞渣等 |
| 能源 | 煤炭开采和使用 | 煤矸石、粉煤灰、炉渣等 |
| 石化 | 石油开采和加工 | 油泥、焦油页岩渣、废催化剂、硫酸渣、酸渣碱渣、盐泥等 |
| 轻工 | 食品、造纸等加工 | 废果壳、废烟草、动物残骸、污泥、废纸、废织物等 |
| 其他 | — | 金属碎屑、电镀污泥、建筑废料等 |

近年来我国一般工业固废产生量基本在30亿t左右，2017年我国一般工业固废产生量33.16亿t，2020年增至36.75亿t，年复合增长率3.5%。2021年我国一般工业固废产生量超38亿t。2016～2021年中国一般工业固体废物产生量如图2-1所示。另据工信部统计，当前我国工业固废的历史累计堆存量超过600亿t，占地超过200万 $hm^2$。据原环保部统计，2017年我国危险废弃物共46类460种，产生量为5 480万t。其中可无害化、资源化处置量约占1/4，未经无害化和资源化处置的危险废弃物环境危害巨大。2018年，预计国内危险废弃物年产生量在6 000万至1亿t，但综合利用率不足50%，无害化处置能力"散小弱低"，非法转移、处置、倾倒现象严重，环境危害很大。为实现工业固废综合利用产业健康发展，相关企业一定要找准产业定位，行业应加强自律，政府则要严格监管，多方合力才能有效提高工业固废的综合利用率。

### 2.2.1 建筑垃圾

#### 2.2.1.1 建筑垃圾概念和组成

人们在从事诸如新建、改扩建和拆除各类建筑物、构筑物、市政工程等建筑活动以及居民在装饰装修房屋的过程中所产生的弃土、废旧混凝土、废砖瓦、废砂浆和一些少量的旧钢材、废木材、玻璃、塑料、各种包装材料等被统称为建筑

垃圾。建筑垃圾的组成及其所占比例在不同建筑的结构型式中也不尽相同。张为堂等的研究结果显示，我国建筑垃圾的典型组分构成见表 2-5。

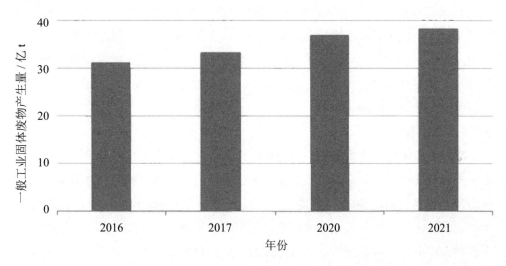

图 2-1　2016～2021 年中国一般工业固体废物产生量

（数据来源：国家统计局、中商产业研究院整理）

表 2-5　建筑垃圾的组分

| 组分 | 比例 /% | | |
| --- | --- | --- | --- |
| | 砖混结构 | 框架结构 | 剪力墙结构 |
| 碎砖 | 30～50 | 15～30 | 10～20 |
| 砂浆 | 8～15 | 10～20 | 10～20 |
| 混凝土 | 8～15 | 15～30 | 15～30 |
| 包装材料 | 5～15 | 5～20 | 10～20 |
| 屋面材料 | 2～5 | 2～5 | 2～5 |
| 钢材 | 1～5 | 2～10 | 2～10 |
| 木材 | 1～5 | 1～5 | 1～5 |
| 其他 | 10～20 | 10～20 | 10～20 |

### 2.2.1.2 建筑垃圾的数量

近年来，我国经济发展进入高速期，随之而来的是空前规模的现代化建设，无疑使建筑行业呈现一派繁荣景象。根据住房和城乡建设部调研显示，调研的34 个试点城市 2017 年建筑垃圾产生量为 11.4 亿 t，推算全国建筑垃圾产生量为35 亿 t 以上。2017 年全国地下综合管廊建设产生约 1.9 亿 t 建筑垃圾；2016 ～2018 年，地铁建设产生约 4.2 亿 t 建筑垃圾。建筑垃圾已占城市垃圾的 70% 以上，找到解决方法迫在眉睫。

### 2.2.2 煤矸石

煤矸石是采煤或选煤过程中所排放的废渣，它是煤炭形成过程中成煤不好、含碳量很低的岩石。煤矸石也是煤系固体废弃物，因而具有典型的技术特征。煤矸石以活性 $Al_2O_3$ 和 $SiO_2$ 为主要成分，具有可与 $Ca(OH)_2$ 反应而呈现水硬性的火山灰活性，而不能直接显示水硬性，是煤的产生物，且为煤中的碳在燃烧后剩余的残余成分。一般情况下，只有经过自燃或煅烧的煤矸石才可用于生态砌块，原生态的煤矸石不能用于生态砌块。

### 2.2.3 粉煤灰

粉煤灰主要由煤粉在发电锅炉内或炼铁高炉内燃烧而产生，它是煤在燃烧后剩余的不可燃成分。取自河北西柏坡发电有限公司生产的 Ⅱ 级粉煤灰，其化学成分见表 2-6，技术指标见表 2-7。

表 2-6　粉煤灰的化学成分

| 化学成分 | $SiO_2$ | $Al_2O_3$ | $K_2O$ | $MgO$ | $CaO$ | $Fe_2O_3$ | $TiO_2$ | $Na_2O$ |
|---|---|---|---|---|---|---|---|---|
| 质量分数 | 49.31% | 27.22% | 1.31% | 1.55% | 10.50% | 4.12% | 1.06% | 0.51% |

表 2-7　粉煤灰的技术指标

| 细度 | 含水率 | 需水量 | 烧失量 | $SO_3$ 含量 | 28 d 活性指数 |
|---|---|---|---|---|---|
| 17.9% | 0.1% | 101% | 4.42% | 0.72% | 70.8% |

在工程应用中，粉煤灰表现出火山灰效应、减水效应、微集料效应等。

### 2.2.3.1 粉煤灰的"活性效应"

粉煤灰的"活性效应"因粉煤灰为人工火山灰质材料，所以又称为"火山灰效应"。粉煤灰中的化学成分含有大量活性 $SiO_2$、$Al_2O_3$ 等硅酸盐玻璃体，与水泥、石灰拌水后产生碱性激发剂 $Ca(OH)_2$ 发生化学反应，生成水化硅酸钙、水化铝酸钙等凝胶，对砂浆起到增强作用，对粉煤灰制品及混凝土能起到增强作用和堵塞混凝土中的毛细组织，提高混凝土的抗腐蚀能力。粉煤灰的活性效应就是指粉煤灰活性成分所产生的化学效应。如将粉煤灰用作胶凝组分，则这种效应自然就是最重要的基本效应。粉煤灰水化反应的产物在粉煤灰玻璃微珠表层交叉连接，对促进砂浆或混凝土强度增长（尤其是抗拉强度的增长）起了重要的作用。常见的混凝土掺入物、矿渣等，都具有该效应。

### 2.2.3.2　粉煤灰的"形态效应"

在显微镜下显示，粉煤灰中含有 70% 以上的玻璃微珠，粒形完整，表面光滑，质地致密。这种形态对混凝土而言，无疑能起到减水作用、致密作用和匀质作用，促进初期水泥水化的解絮作用，改变拌和物的流变性质、初始结构以及硬化后的多种功能，尤其对泵送混凝土，能起到良好的润滑作用。

### 2.2.3.3　粉煤灰的微集料效应

粉煤灰中粒径很小的微珠和碎屑，在水泥石中可以相当于未水化的水泥颗粒，极细小的微珠相当于活泼的纳米材料，能明显地改善和增强混凝土及制品的结构强度，提高匀质性和致密性。在上述粉煤灰的三大效应中，形态效应是物理效应，活性效应是化学效应，而微集料效应既有物理效应又有化学效应。这三种效应相互关联，互为补充。粉煤灰的品质越高，效应越大。所以我们在应用粉煤灰时应根据水泥、混凝土、粉煤灰制品的不同要求选用适宜和定量的粉煤灰，如不恰当，则会起到反作用。

## 2.2.4　其他固体废料

### 2.2.4.1　矿业固体废弃物

矿业固体废弃物包括两大部分，即采矿废石和选矿尾矿，前者约占 40%，后者约占 60%。

（1）采矿废石。

它是矿山开采时地表剥离的废石，是无使用价值的非矿岩石。

（2）选矿尾矿。

尾矿又名矿尾，是矿石在磨细以后，经选矿取出有用成分之后的非目的成分，不同的尾矿成分，相差较大。

矿业固体废弃物有如下共同的一些技术特征：均不含活性成分，没有火山灰活性，不具胶凝性；均以非活性 $Al_2O_3$ 和 $SiO_2$ 为主，均有较大的颗粒强度和硬度。在生态砌块的生产中可以作为骨料掺加。

#### 2.2.4.2 钢铁工业冶金废渣

钢铁工业冶金废渣是炼铁和炼钢工程中所排放的炉渣。它们在各种固体废弃物中，是活性最高的品种。因此它们在生态砌块的生产中占有重要的位置。

（1）矿渣。

矿渣是高炉冶炼生铁时排放的炉渣，又名高炉矿渣，它是铁矿石在冶炼提铁之后的残渣，矿渣是钢铁工业最重要的冶炼渣，是生态砌块的优质原料。

（2）钢渣。

钢渣是炼钢过程排出的废渣。因炼钢炉有转炉、平炉、电炉三种，其钢渣也有对应的三种，品质有一定的差异。从生态砌块原料的角度讲，它也是比较理想的，但综合品质不如矿渣。

（3）铁合金渣。

铁合金渣是铁合金厂冶炼铁合金时所产生的废渣。它的排放量小，但品质优异，可与矿渣媲美，是生态砌块理想的优质原料。

钢铁工业冶金废渣有如下共同的一些技术特征：均含有一定量的硅酸二钙（$C_2S$），可直接水化硬化；均含有大量 $Al_2O_3$ 和 $SiO_2$ 活性成分，具有与 $Ca(OH)_2$ 反应的火山灰效应；均呈块状或粒状，既可粉磨后成为生态砌块的胶凝材料，也可粉碎成细粒状成为生态砌块的集料。现以河南巩义二电厂生产的 S95 级粒化高炉矿渣粉为例，其化学成分见表 2-8，技术指标见表 2-9。

表 2-8　粒化高炉矿渣粉的化学成分

| 化学成分 | $P_2O_5$ | $SiO_2$ | $Al_2O_3$ | $K_2O$ | MgO | CaO | $Fe_2O_3$ | $TiO_2$ | $Na_2O$ | MnO |
|---|---|---|---|---|---|---|---|---|---|---|
| 质量分数 /% | 0.07 | 32.72 | 15.28 | 0.33 | 7.28 | 39.48 | 1.40 | 1.41 | 0.34 | 0.30 |

表 2-9　粒化高炉矿渣粉的技术指标

| 密度 / $(g·cm^{-3})$ | 比表面积 / $(m^2·kg^{-1})$ | 流动度比 /% | 烧失量 /% | $SO_3$ 含量 /% | 28 d 活性指数 /% | 含水量 /% |
|---|---|---|---|---|---|---|
| 2.80 | 414 | 102 | 1.39 | 2.1 | 70.8 | 0.33 |

#### 2.2.4.3 有色金属冶炼渣

有色金属冶炼渣是活性工业废渣的主要类型。其产量仅次于煤系固体废弃物、钢铁冶金废渣，居活性工业废渣的第三位。它的品种在活性工业废渣中最多。

（1）赤泥。

赤泥是铝厂在炼铝过程中所排放的废渣，它是铝矿石在提取氧化铝之后产生的残渣。由于我国的铝制品应用广泛，铝产量较高，所以炼铝排放的赤泥是数量最大的有色金属废渣。

（2）铅锌渣。

铅锌渣是炼铅炼锌所排放的废渣，其中火法冶炼废渣具有高活性，是生态砌块优质原料。其他冶炼方法所排放的铅锌渣无活性或活性较低，只能称为集料。

（3）铜渣。

铜渣是火法炼铜所形成的废渣，湿法铜渣较少且品质不高，不是生态砌块的主要利用对象，火法铜渣则成为生态砌块的较好原料。

有色金属冶炼渣有如下共同的一些技术特征：大多数火法冶炼废渣均含有活性 $Al_2O_3$ 和 $SiO_2$，具有较高的活性；而非火法废渣相对活性较低或无活性；少数冶炼废渣除具有活性 $Al_2O_3$ 和 $SiO_2$ 之外，还具有硅酸二钙（$C_2S$），与矿渣的成分和性能相近，属于优质活性废渣，如烧结法赤泥、水淬铜渣等。

# 2.3　胶凝材料

## 2.3.1　胶凝材料的作用

### 2.3.1.1　使生态砌块产生强度

生态砌块是依靠物理加压或振动与化学胶凝固结这两种作用而产生强度的，因此胶凝材料对生态砌块的强度有着重要的影响。不管成型机的压力或激振力有多大，生态砌块都必须有一定的胶凝性。其胶凝性有时可由活性工业废渣在激发剂作用下产生，但更多的则是依靠外加的胶凝材料如普通硅酸盐水泥、镁水泥、石膏、石灰等。没有外加的胶凝材料，单靠废渣往往达不到生态砌块应有的强度。因此，胶凝材料在生态砌块中是必需的，它是影响生态砌块强度最重要的因素之一。水泥在潮湿环境下发生水化反应，可以生成 $C_3S$、$C_2S$、$C_3A$、$C_4AF$ 等具有胶凝强度的产物。石灰作为气硬性胶凝材料，对活性废渣也具有激发作用，与活性渣中的 $Al_2O_3$ 反应生成铝酸钙，与 $SiO_2$ 反应生成硅酸钙。煤系废弃物如粉煤灰、炉渣、煤矸石等，均以活性成分 $Al_2O_3$、$SiO_2$ 为主要成分，均具有与 $Ca(OH)_2$ 反应而呈现水硬性的火山灰活性，而不能直接显示水硬性。钢铁工业冶金废渣中矿渣、钢渣、铁合金渣等是具有活性最高的品种。

### 2.3.1.2 增加生态砌块的耐久性

由胶凝材料固结力产生的强度是化学反应形成的，这个强度来自于反应产生的胶凝物质。它将各种废渣颗粒黏结在一起，并堵塞毛细孔，防止水和有害气体的进入，增加生态砌块的抗水及化学侵蚀能力。因此，生态砌块的耐久性才大大提高。仅靠压力和振动力将废渣颗粒结合在一起，在各种外界作用下，这种结合往往不持久。事实证明，添加了胶凝材料的生态砌块更耐久。

### 2.3.1.3 缩短生态砌块的硬化时间

胶凝材料的硬化性能很好，加量越大，硬化越快，硬化时间越短。有些工业废渣虽有活性，但活性发挥非常慢，如粉煤灰。加入胶凝材料能明显缩短凝结时间。

## 2.3.2 胶凝材料的分类与性能指标

胶凝材料的品种有硅酸盐水泥、镁水泥、石灰、石膏四种，其中最常用的品种为硅酸盐水泥。当生产高强度生态砌块时也可使用镁水泥。在一些配方中，几种胶凝材料可配合使用。其中某些工业固体废弃物因为具有潜在的化学活性，经有效的手段激发后可作为胶凝材料使用。黄河淤泥生态砌块以黄河淤泥为主要原料，也可以适当加入一定量的建筑垃圾及工业固废粉料，当然加入砂石、建筑垃圾及工业固废再生骨料，砌块性能更佳，必要时加入适量外加剂，经坯料制备，然后压制（振动、浇筑静压）成型，再经过自然养护或蒸汽养护而形成。工业活性废渣，或将建筑垃圾粉磨细化后，可以使其具有一定水化活性，可以节省部分水泥等胶凝材料。

### 2.3.2.1 水泥

一般生产或试验中经常选用的胶凝材料为硅酸盐水泥，硅酸盐水泥熟料的矿物组成为硅酸三钙（$3CaO \cdot SiO_2$ 简写成 $C_3S$）、硅酸二钙（$2CaO \cdot SiO_2$ 简写成 $C_2S$）、铝酸三钙（$3CaO \cdot Al_2O_3$ 简写成 $C_3A$）、铁铝酸四钙（$4CaO \cdot Al_2O_3 \cdot Fe_2O_3$，简写成 $C_4AF$）。其中，$C_3S$ 和 $C_2S$ 合称为硅酸盐矿物，约占整个矿物组成的 75%；$C_3A$ 和 $C_4AF$ 合称为溶剂矿物，约占整个矿物组成的 22%。此外，还含有少量的方镁石、玻璃体和游离氧化钙等。其熟料主要矿物组成见表 2-10，42.5 级普通硅酸盐水泥的技术性能见表 2-11。

生态砌块混合料在潮湿的条件下与水泥发生一系列的水解、水化反应，生成的水化产物利用其胶凝性质与淤泥颗粒进一步反应，形成网状结构的淤泥骨架，同时凝结硬化后的水化产物将填充网状结构的孔隙，使得淤泥孔隙率降低、密度变大、强度提高。

表 2-10　硅酸盐水泥熟料主要矿物组成

| 矿物名称 | 硅酸三钙 | 硅酸二钙 | 铝酸三钙 | 铁铝酸四钙 |
|---|---|---|---|---|
| 水化反应速度 | 快 | 慢 | 最快 | 快 |
| 强度 | 高 | 早期强度低，后期强度发展速度超过硅酸三钙，强度绝对值等同于硅酸三钙 | 低 | 低（含量多时对抗折强度有利） |
| 水化热 | 较高 | 低 | 最高 | 中 |

表 2-11　42.5 级普通硅酸盐水泥的技术性能

| MgO 含量 /% | SO$_3$ 含量 /% | 凝结时间 /min | | 抗压强度 /MPa | | 抗折强度 /MPa | | 烧失量 /% | 氯离子 /% |
|---|---|---|---|---|---|---|---|---|---|
| | | 初凝 | 终凝 | 3 d | 28 d | 3 d | 28 d | | |
| ≤ 5.0 | ≤ 3.5 | ≥ 45 | ≤ 600 | ≥ 17.0 | ≥ 42.5 | ≥ 3.5 | ≥ 6.5 | ≤ 5.0 | ≤ 0.06 |

### 2.3.2.2　石灰

石灰本身是气硬性胶凝材料，有一定的胶凝性。但是由于它的胶凝作用很低，且在生态砌块中，胶凝材料一般添加量都很少，这就使得它本身的胶凝作用很难满足生态砌块的强要求，但是石灰能提供 Ca(OH)$_2$ 和活性废渣中提供的 Al$_2$O$_3$ 反应生成铝酸钙，和 SiO$_2$ 反应生成硅酸钙，因此，对于生态砌块来说，主要不是发挥本身的胶凝性，而是发挥它对活性废渣的激发作用。生态砌块混合料在潮湿的条件下与石灰发生一系列理化反应，第一，离子交换反应，石灰在水的电解作用下生成胶体微粒 Ca(OH)$_2$，其中的 Ca$^{2+}$ 与淤泥土粒表面带正电荷的 Na$^+$、K$^+$ 等进行当量吸附交换，提高石灰土的初期水稳性；第二，火山灰反应，淤泥颗粒中的活性硅、铝矿物与 Ca(OH)$_2$ 反应生成含水化硅酸钙、水化铝酸钙等胶结物，使得淤泥土的强度、水稳定性逐渐提高。

### 2.3.2.3　石膏

石膏粉是五大凝胶材料之一，在国民经济中占有重要的地位，广泛用于建筑、建材、工业模具和艺术模型、化学工业及农业、医药美容等众多应用领域，是一种重要的工业原材料。和石灰一样，石膏本身具有胶凝性，但胶凝性较差，不能使生态砌块的强度达到技术标准。它用于生态砌块中，主要是利用对活性废渣的激发作用，协助石灰，促进石灰和活性废渣的反应，生成更多的水化硅酸钙和水化铝酸钙。另外，它可以和活性废渣中的 $Al_2O_3$ 反应生成钙矾石（水化硫铝酸钙）。由于钙矾石的水化速度很快，所以，当钙矾石生成以后，生态砌块的强度就大大提高，克服了利用工业废渣制备出的生态砌块早期强度低的不足。

因此，石膏在生态砌块中有两大作用，一是提高石灰的激发能力，二是提高生态砌块的早期强度。石膏一般不单独使用，而是配合石灰作用，当使用石灰时才使用石膏，因为它主要是协同石灰发生作用。

脱硫石膏粉与一般石膏粉的区分在于物理成分的不同，脱硫石膏粉中还含有二氧化硅、氧化钠、碳酸钙、亚硫酸钙、石灰石、氯化钙、氯化镁等。与其他石膏粉相比较，脱硫石膏粉具有可再生、粒度小、成分稳定、有害杂质含量少、纯度高、有缓凝作用等特点。

# 2.4  固化剂

## 2.4.1  固化剂概述

固化剂就是可以激发生态砌块活性矿物质活性的外加剂，它只对活性矿物质才起作用。生态砌块活性矿物质产生强度主要是依赖其活性矿物质火山灰效应，即活性 $Al_2O_3$ 和 $SiO_2$ 与 $Ca(OH)_2$ 反应形成水化硅酸钙、水化铝酸钙等。如果活性 $Al_2O_3$ 和 $SiO_2$ 被封闭在玻璃体内，它就难以和 $Ca(OH)_2$ 反应，也就无法形成水化硅酸钙、水化铝酸钙。所以活化的任务就是将封闭于玻璃体内的 $Al_2O_3$ 和 $SiO_2$ 溶出，使其能够和 $Ca(OH)_2$ 反应。由于玻璃体比较致密和坚硬，一般的物质难以对它发生作用，将它打破或溶解。能够对它产生作用的，大多是酸和碱。酸和碱均具有很强的溶蚀性，对玻璃体有很好的溶蚀作用。在此作用下，玻璃体被一层层溶蚀和剥落，逐渐变小，最终全部被蚀尽。

## 2.4.2  固化剂的分类

黄河淤泥生态砌块生产中常用的固化剂主要是活性矿物质的活性激发剂，即碱激发剂，另外根据需要，还可以加一定量的减水剂、增塑剂、早强剂、防冻剂、着色剂等。固化剂种类较多，若是按单一成分添加，效果一般不太好。在实际应用时，固化剂皆为复合成分，由多种活化物质配合使用。综合前人研究成果，一般选择苛性碱或碱性盐等碱性激发剂作为主要的固化剂，碱性激发剂是碱性激发胶凝材料的专业术语，在化学中叫作催化剂。一般是指苛性碱、含碱性元素的硅酸盐、铝酸盐、磷酸盐、硫酸盐、碳酸盐等物质。例如可以使用苛性碱和碱性盐作为固化剂，激发活性混合材料的火山灰效应，即加速 $SiO_2$、$Al_2O_3$ 与 $Ca(OH)_2$ 反应生成水化硅酸钙、水化铝酸钙等。

固化剂按形态可分为液体混合料固化剂、粉体混合料固化剂等。按照化学组成，固化剂可分为苛性碱（如 NaOH、KOH 等，MOH）、非硅酸盐的弱酸盐（如 $M_2CO_3$、$M_2SO_3$、$M_3PO_4$、MF）、硅酸盐（如水玻璃，$M_2O \cdot nSiO_2$，$n$ 为水玻璃的模数，2.2～2.5 之间较好）、铝酸盐（如 $M_2O \cdot nAl_2O_3$）、铝硅酸盐（如 $M_2O \cdot nAl_2O_3 \cdot (2～6)SiO_2$）、非硅酸盐的强酸盐（如 $M_2SO_4$）、高聚类离子固化剂、有机酶蛋白固化剂、纤维素醚有机无机结合的固化剂等。

### 2.4.2.1　苛性碱固化剂

工业苛性碱是基础化工原料，通过电解氯化钠制得。除了液体产品外，有块状、片状、粉状和球状四种固态的苛性钠。虽然其颗粒形态不同，但化学成分相同。将苛性碱应用于固化剂时一般应将其预先溶于水中。苛性碱在溶解过程中或高浓度苛性碱溶液在稀释时会释放出大量的热，在操作过程中应非常小心。应将苛性钠或苛性钠溶液倒入水中，边倒边搅拌，绝不能将水倒入苛性钠或苛性钠溶液中。如果存在局部苛性钠溶液的温度急剧升高会导致危险性的雾气、沸腾或飞溅；水的初始温度要合适，一般在 30～40℃，绝不能用热水或冷水。在使用过程中，配制苛性碱溶液温度可能较高，直接使用可能会使反应速度加快，一般需要事先冷却至室温。一般所用苛性碱为 NaOH 或 KOH。苛性碱和碱金属硅酸盐中，钠的化合物（如 NaOH、$Na_2O \cdot nSiO_2$）较易获得，而且较为经济。一些学者在研究中也使用钾化合物，性能与钠基激发剂相近。

### 2.4.2.2　硅粉固化剂

硅粉，又名硅灰，是一种高活性的火山灰质材料，能与水泥的水化产物 $Ca(OH)_2$ 发生反应，提高净浆强度，并且填充水泥颗粒间孔隙，生成 CSH 骨架结构。

### 2.4.2.3　水玻璃固化剂

水玻璃是由不同比例碱金属氧化物和 $SiO_2$ 结合而成能溶于水的硅酸盐，俗称泡花碱。其化学通式为 $R_2O \cdot nSiO_2 \cdot mH_2O$，R 指碱金属，如 Na、K 和 Li，$n$ 指水玻璃的模数。水玻璃的模数越高，则水玻璃的密度和黏度越大。但水玻璃的浓度和模数太高，则水玻璃黏度太大不利于施工操作，且难溶于水，所以水玻璃的浓度和模数不宜过高，一般在 2.0～3.0。水玻璃是利用固废制砖常用的激发剂之一，常与苛性碱配合使用。在高碱激发剂中加入水玻璃，带入一定量的 $SiO_2$，有利于促进 Si 的优先溶解。淤泥颗粒中的高价金属离子与水玻璃反应生成 CSH，可以有效地胶结、填充淤泥颗粒间的孔隙，使淤泥颗粒逐渐形成团粒，提高淤泥强度。当使用高硅酸钠、氢氧化钠按一定比例的激发剂时，生态砌块将产生更高的抗压强度。工业用水玻璃除液态外，还有将液态水玻璃经过雾化干燥脱水后制成粉末状的固态。但是，这种固态水玻璃极易溶于水。现以工业钠水玻璃为例，研究其性能指标，其模数在 2.2～2.5，性能指标见表 2-12。

表 2-12　水玻璃性能指标

| 项目名称 | 性能指标 |
|---|---|
| $SiO_2$ 含量 /% | $\geqslant 29.2$ |
| $Na_2O$ 含量 /% | $\geqslant 12.8$ |
| 密度 /（$g \cdot cm^{-3}$） | $1.528～1.599$ |
| 水不溶物 /% | $\leqslant 0.80$ |
| 模数 | $2.2～2.5$ |

#### 2.4.2.4　高分子类固化剂

高分子类固化剂是通过催化剂、引发剂作用，使高分子单体在土中发生聚合反应，形成坚固的网状或空间结构，并且填充土中孔隙及胶结土颗粒，从而改善土的工程性质。

#### 2.4.2.5　新型复合类固化剂

新型复合类固化剂是由两种或两种以上的化学物质按一定比例配合形成的一种新型固化材料，可分为主固化剂和激发剂。

### 2.4.3　固化剂市场应用情况简介

#### 2.4.3.1　砌块混合料固化剂

混合料固化剂是一种由多种无机、有机材料合成的用于固化各类混合料的新型节能环保工程材料。它与混合料混合后通过一系列物理化学反应来改变混合料的工程性质，能将混合料中大量的自由水以结晶水的形式固定下来，使得混合料胶团表面电流降低，胶团所吸附的双电层减薄，电解质浓度增强，颗粒趋于凝聚，体积膨胀而进一步填充混合料孔隙，在压实功的作用下，使固化土易于压实和稳定，从而形成整体结构，并达到常规所不能达到的压密度。经过混合料固化剂处理过的混合料，其强度、密实度、回弹模量、弯沉值、CBR、剪切强度等性能都得到了很大的提高，此项混合料固化技术也可以应用于道路工程，从而延长了道路的使用寿命，节省了工程维修成本，经济环境效益俱佳，是当前理想的筑路材料选择。

### 2.4.3.2　土壤固化剂

土壤固化剂是土壤固化外加剂的简称，是一种由多种无机、有机材料合成的用以固化各类土壤的新型节能环保工程材料。对于需要加固的土壤，根据土壤的物理和化学性质，只需掺入一定量的固化剂，经拌匀、压实处理，即可达到需要的性能指标。

该类土壤固化剂路用技术指标优良、工程造价低、施工方便、缩短工期，尤其是有利于生态环境保护。采用土壤固化剂可以替代大量的石灰、水泥、粉煤灰、碎石、砾石等传统筑路材料，节省资源、能源，节约土地，保护植被，大幅度减少 $CO_2$ 等温室气体的排放量，有利于生态环境保护，经济、环境效益特别明显，是公路工程可持续发展的创新型交通技术之一。由于它比传统的水泥、石灰等土壤固化材料具有更好的性能，以及良好的经济、环境效益，还能解决水泥、石灰、粉煤灰等胶凝材料在土壤加固时难以解决的一些特殊问题，具有独特的土壤固化效果和广泛的实用性，已经被广泛应用于公路的基层及底基层、水利护坡等工程建设当中。土壤固化剂被美国《工程新闻》称为 20 世纪最伟大的发明之一，日本称之为 21 世纪的新型材料。

土壤固化剂技术从 20 世纪 70 年代开始蓬勃发展，至今已经形成一门综合性的交叉学科。它涉及建筑基础、公路建设、堤坝工事、井下作业、石油开采、垃圾填埋、防尘固沙等多个领域，包括机械方法、物理作用、土工织物、化学胶结等多种手段，综合了力学、结构理论、胶体化学、表面化学等众多理论，它的处理对象也扩充到砂土、淤泥、工业污水、生活垃圾等多种固体、半固体，处理的目的也不仅仅是单一加固，还包括增加渗透性、提高抗冻能力、防止污染物质泄漏等诸多方面。

美国和加拿大在利用土壤固化技术建设道路上有很多成功的例子，还有像德国、澳大利亚等国也处在研究的前列。我国虽然起步较晚，但是掀起了一阵研究高潮，研制了多种土壤固化剂，并且实现了成果转化，应用到了公路交通、环境治理、湖渠防渗等生产第一线，对国家建设做出了贡献。在市场和技术上相对较优势的品牌有美国路邦、爱普路德、派尔吗酶、耕保土壤固化剂、亿路 TG、天津天环、土固精 Toodoog、台湾第一绿能、昌圣环保、云南绿筑、吉林中路等。

### 2.4.3.3　常用的土壤固化剂

该公司生产的固化剂添加量为土总质量的 0.025%，细砂多可降低 2%，加水 15%，施加压力最高可达 50 MPa。水泥可采用 10% 的 425# 普通硅酸盐水泥，日晒养护 7 d，相当于 28 d 强度的 67% ~ 90%，28 d 强度为一季度强度的 80% ~ 95%。此种固化剂对含沙大于 83% 的沙质土依然有效。

# 2.5　其他外加剂

## 2.5.1　减水剂

减水剂是当前外加剂中品种最多、应用最广的一种外加剂，根据其功能分为普通减水剂（在坍落度基本相同的条件下，能减少拌和用水量的外加剂）、高效减水剂（在坍落度基本相同的条件下，能大幅度减少拌和用水量的外加剂）、高性能减水剂（比高效减水剂具有更高减水率、更好坍落度保持性能、较小干燥收缩，且具有一定引气性能的减水剂）、早强减水剂（兼有早强和减水功能的外加剂）、缓凝减水剂（兼有缓凝和减水功能的外加剂）、引气减水剂（兼有引气和减水功能的外加剂）等。

减水剂按其主要化学成分分为木质素磺酸盐系、多环芳香族磺酸盐系、水溶性树脂磺酸盐系、糖钙、腐殖酸盐、聚羧酸、脂肪族及氨基磺酸盐等。各种减水剂尽管成分不同，但均为表面活性剂，所以其减水作用机理相似。表面活性剂是能显著改变（通常为降低）液体表面张力或二相间界面张力的物质，其分子由亲水基团和憎水基团两个部分组成。表面活性剂加入水溶液中后，其分子中的亲水基团指向溶液，憎水基团指向空气、固体或非极性液体并做定向排列，形成定向吸附膜而降低水的表面张力和二相间的界面张力，在液体中显示出表面活性作用。当水泥浆体中加入减水剂后，减水剂分子中的憎水基团定向吸附于水泥质点表面，亲水基团指向水溶液，在水泥颗粒表面形成单分子或多分子吸附膜，在电斥力作用下，使原来水泥加水后由于水泥颗粒间分子凝聚力等多种因素而形成的絮凝结构打开，把被束缚在絮凝结构中的游离水释放出来，这就是由减水剂分子吸附产生的分散作用。

水泥加水后，水泥颗粒被水湿润，湿润得越好，在具有同样工作性能的情况下所需的拌和水量也就越少，且水泥水化速度亦加快。当有表面活性剂存在时，降低了水的表面张力和水与水泥颗粒间的界面张力，这就使水泥颗粒易于湿润、利于水化。同时，减水剂分子定向吸附于水泥颗粒表面，亲水基团指向水溶液，使水泥颗粒表面溶剂化层增厚，增加了水泥颗粒间的滑动能力，又起了润滑作用，如图 2-2 所示。若是引气型减水剂，则润滑作用更为明显。

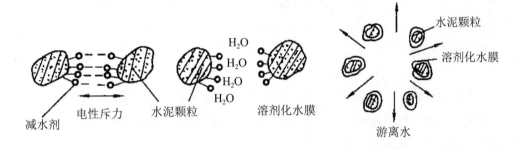

图 2-2　减水剂作用示意图

概括起来，减水剂的作用机理包括分散作用、润滑作用和空间位阻作用三类。第一，分散作用。水泥加水拌和后，由于水泥颗粒分子引力的作用，使水泥浆形成絮凝结构，使 $10\% \sim 30\%$ 的拌和水被包裹在水泥颗粒之中，不能参与自由流动和润滑作用，从而影响了拌和物的流动性。当加入减水剂后，由于减水剂分子能定向吸附于水泥颗粒表面，使水泥颗粒表面带有同一种电荷（通常为负电荷），形成静电排斥作用，促使水泥颗粒相互分散，絮凝结构被破坏，释放出被包裹部分水参与流动，从而有效地增加混凝土拌和物的流动性。第二，润滑作用。减水剂中的亲水基极性很强，因此水泥颗粒表面的减水剂吸附膜能与水分子形成一层稳定的溶剂化水膜，这层水膜具有很好的润滑作用，能有效降低水泥颗粒间的滑动阻力，从而使混凝土流动性进一步提高。第三，空间位阻作用。减水剂结构中具有亲水性的聚醚侧链，伸展于水溶液中，从而在所吸附的水泥颗粒表面形成有一定厚度的亲水性立体吸附层。当水泥颗粒靠近时，吸附层开始重叠，即在水泥颗粒间产生空间位阻作用，重叠越多，空间位阻斥力越大，对水泥颗粒间凝聚作用的阻碍也越大，使得混凝土的坍落度保持良好。新型的减水剂如聚羧酸减水剂在制备的过程中，在减水剂的分子上接枝一些支链，这些支链不仅可提供空间位阻效应，而且在水泥水化的高碱度环境中，这些支链还可慢慢被切断，从而释放出具有分散作用的多羧酸，这样就可提高水泥粒子的分散效果，并控制坍落度损失，这是新型减水剂的接枝共聚支链的缓释作用。

综上所述，在生态砌块中掺加减水剂后可获得改善和易性、减水增强、节省水泥等多种效果，同时生态砌块的耐久性也能得到显著改善。

### 2.5.1.1 常用减水剂按功能分类及简介

（1）普通减水剂。

普通减水剂的主要成分为木质素磺酸盐，通常由亚硫酸盐法生产纸浆的副产品制得，常用的有木钙、木钠和木镁，其具有一定的缓凝、减水和引气作用。以其为原料，加入不同类型的调凝剂，可制得不同类型的减水剂，如早强型、标准型和缓凝型的减水剂。

（2）高效减水剂。

高效减水剂不同于普通减水剂，具有较高的减水率、较低的引气量，是我国使用量大、面广的外加剂品种。目前，我国使用的高效减水剂品种较多，主要有下列几种：

①萘系减水剂；

②氨基磺酸盐系减水剂；

③脂肪族（醛酮缩合物）减水剂；

④密胺系及改性密胺系减水剂；

⑤蒽系减水剂；

⑥洗油系减水剂。

（3）缓凝型高效减水剂。

缓凝型高效减水剂是以上述各种高效减水剂为主要组分，再复合各种适量的缓凝组分或其他功能性组分而成的外加剂。

（4）高性能减水剂。

高性能减水剂是国内外近年来开发的新型外加剂品种，目前主要为聚羧酸盐类产品。它具有"梳状"的结构特点，由带有游离的羧酸阴离子团的主链和聚氧乙烯基侧链组成，改变单体的种类、比例和反应条件可生产具有各种不同性能和特性的高性能减水剂。早强型、标准型和缓凝型高性能减水剂可由分子设计引入不同功能团而生产，也可掺入不同组分复配而成。具体技术指标参见《聚羧酸系高性能减水剂》（JG/T 223—2017）的规定。其主要特点如下所述。

①掺量低（按照固体含量计算，一般为胶凝材料质量的 0.15% ~ 0.25%），减水率高；

②拌和物工作性及工作保持性较好；

③用其配制的生态砌块坯料收缩率较小，可改善生态砌块的体积稳定性和耐

久性；

　　④对水泥的适应性较好；

　　⑤外加剂中氯离子和碱含量较低；

　　⑥生产和使用过程中不污染环境，是环保型的外加剂。

### 2.5.1.2　常用减水剂性能简介

　　（1）木质素磺酸盐。

　　木质素磺酸盐属于普通的减水剂，它的原料是木质素，一般从针叶树材中提取，木质素是由对亘香醇、松柏醇、芥子醇这三种木质素单体聚合而成的，用于砂浆中可改进施工性、流动性，提高强度，减水率为 5% ~ 10%。

　　（2）萘磺酸盐减水剂。

　　萘磺酸盐减水剂是我国最早使用的高效减水剂，是萘通过硫酸磺化，再和甲醛进行缩合的产物，属于阴离子型表面活性剂。该类减水剂外观视产品的不同可呈浅黄色到深褐色的粉末，易溶于水，对水泥等许多粉体材料分散作用良好，减水率达 25%。

　　（3）密胺系减水剂。

　　密胺系减水剂是三聚氰胺通过硫酸磺化，再和甲醛进行缩合的产物，因而化学名称为磺化三聚氰胺甲醛树脂，属于阴离子表面活性剂。该类减水剂外观为白色粉末，易溶于水，对粉体材料分散好、减水率高，其流动性和自修补性良好。

　　（4）粉末聚羧酸酯。

　　粉末聚羧酸酯是近年来研制开发的新型高性能减水剂，它具有优异的减水率、流动性、渗透性。明显增强水泥砂浆的强度，但制作工艺复杂，一般价格较高。

　　（5）干酪素。

　　干酪素是一种生物聚合物，是牛奶用酸沉淀并经过圆筒干燥后得到的。

　　（6）聚羧酸系高性能减水剂（聚羧酸减水剂聚醚）。

　　聚羧酸系高性能减水剂是具有技术前沿、科技含量高、应用前景好、综合性能优等优点的一种混凝土超塑化剂（减水剂）。聚羧酸系高性能减水剂是羧酸类接枝多元共聚物与其他有效助剂的复配产品。经与国内外同类产品性能比较表明，聚羧酸系高性能减水剂在技术性能指标、性价比方面都达到了当今国际先进水平。聚羧酸系高性能减水剂基本性能包括以下几个方面。

　　①掺量低、减水率高，减水率可高达 45%；混凝土和易性优良，无离析、泌水现象，混凝土外观颜色均一。用于配制高标号混凝土时，混凝土黏聚性好且易

于搅拌。

②坍落度经时损失小，预拌混凝土坍落度损失率 1 h 小于 5%，2 h 小于 10%。

③增强效果显著，砼 3 d 抗压强度提高 50% ~ 110%，28 d 抗压强度提高 40% ~ 80%，90 d 抗压强度提高 30% ~ 60%。

④适应性优良，水泥、掺合料相容性好，温度适应性好，与不同品种水泥和掺合料具有很好的相容性，解决了采用其他类减水剂与胶凝材料相容性差的问题。

⑤含气量适中，对混凝土弹性模量无不利影响，抗冻耐久性好。

⑥能降低水泥早期水化热，有利于大体积混凝土和夏季施工。

⑦产品稳定性好，长期储存无分层、沉淀现象发生，低温时无结晶析出；低收缩，可明显降低混凝土收缩，抗冻融能力和抗碳化能力明显优于普通混凝土。显著提高混凝土体积稳定性和长期耐久性。

⑧碱含量极低，碱含量 ≤ 0.2%，可有效地防止碱骨料反应的发生；产品绿色环保，不含甲醛，为环境友好型产品。

⑨经济效益好，工程综合造价低于使用其他类型产品，同强度条件下可节省水泥 15% ~ 25%。

聚羧酸系高性能减水剂使用要求包括以下几个方面。

①掺量为胶凝材料总重量的 0.4% ~ 2.0%，常用掺量为 0.4% ~ 1.2%；使用前应进行混凝土试配试验，以求最佳掺量。

②不可与萘系高效减水剂复配使用，与其他外加剂复配使用时也应预先进行混凝土相容性试验。

③坍落度对用水量的敏感性较高，使用时必须严格控制用水量。

④注意混凝土表面养护。

聚羧酸系高性能减水剂适用的强度等级为 C15 ~ C60 及以上的泵送或常态混凝土工程，特别适用于配制高耐久、高流态、高保坍、高强以及对外观质量要求高的混凝土工程。对于配制高流动性混凝土、自密实混凝土、清水饰面混凝土极为有利。可以考虑把聚羧酸系高性能减水剂应用于生态砌块的试验研究以及生产中。

### 2.5.2 早强剂

能提高生态砌块早期强度，并对后期强度无显著影响的外加剂，称为早强剂。

当生态砌块加入工业固废粉料时，活性激发需要过程与时间，因此前期强度较低。且生态砌块采取自然养护时，不加早强剂的情况下从原料的拌和到凝结硬化形成一定的强度，都需要一段较长的时间，为了缩短生产周期，例如加速模具的周转、缩短生态砌块的养护时间、快速达到生态砌块冬季施工的临界强度等，常需要掺入早强剂。目前常用的早强剂有氯盐、硫酸盐、有机醇胺三大类，以及以它们为基础的复合早强剂。为确保生态砌块早强剂的正确使用，防止早强剂的负面作用，《混凝土外加剂应用技术规范》（GB 50119—2013）对常用早强剂掺量提出了最高限值。

### 2.5.2.1　氯盐类早强剂

氯盐加入生态砌块中促进其硬化和早强的机理可以从两方面分析。一是增加水泥颗粒的分散度。加入氯盐后使水泥在水中充分分解，增加水泥颗粒对水的吸附能力，促进水泥的水化和硬化速度加快。二是与水泥熟料矿物发生化学反应。氯盐首先与 $C_3S$ 水解析出的 $Ca(OH)_2$ 作用，形成氧氯化钙 $[CaCl_2 \cdot 3Ca(OH)_2 \cdot 12H_2O$ 和 $CaCl_2 \cdot Ca(OH)_2 \cdot H_2O]$，并与水泥组分中的 $C_3A$ 作用生成氯铝酸钙。这些复盐是不溶于水和 $CaCl_2$ 溶液的。氯盐与 $Ca(OH)_2$ 的结合，就意味着水泥水化液相中石灰浓度的降低，导致 $C_3S$ 水解的加速。而当水化氯铝酸钙形成时，则胶体膨胀，使水泥石孔隙减少，密实度增大，从而提高了混凝土的早期强度。

氯盐类早强剂主要有 $CaCl_2$、NaCl、KCl、$FeCl_3$、$AlCl_3$ 等氯化物，氯盐类早强剂均有良好的早强作用，其中 $CaCl_2$ 早强效果好而成本低，应用最广。$CaCl_2$ 的适宜掺量为水泥质量的 0.5% ~ 2.0%，能使生态砌块 1 d 强度提高 70% ~ 140%，3 d 强度提高 40% ~ 70%。

### 2.5.2.2　硫酸盐类早强剂

硫酸盐类早强剂主要有硫酸钠（即元明粉）、硫代硫酸钠、硫酸钙、硫酸铝钾等，其中硫酸钠应用较多。硫酸钠为白色固体，一般掺量为水泥质量的 0.5% ~ 2.0%。当掺量为 1% ~ 1.5% 时，可使生态砌块 3 d 强度提高 40% ~ 70%。硫酸钠对矿渣水泥生态砌块的早强效果优于普通水泥生态砌块。

### 2.5.2.3　有机胺类早强剂

有机胺类早强剂主要有三乙醇胺（简称 TEA）、三异丙醇胺（简称 TP）、二乙醇胺等，其中早强效果以 TEA 为最佳。TEA 是无色或淡黄色油状液体，能溶于水呈碱性。掺量为水泥质量的 0.02% ~ 0.05%，能使混凝土早期强度提高 50% 左右，28 d 强度不变或略有提高。早强剂可加速生态砌块硬化，缩短养护周期，加快施工进度，提高模具周转率，多用于冬季施工或紧急抢修工程。在实际应用中，早强剂单掺效果不如复合掺加。因此，较多使用由多种组分配成的复合早强剂，尤其是早强剂与早强减水剂同时复合使用，其效果更好。

### 2.5.2.4 复合类早强剂

复合类早强剂往往比单组分早强剂具有更优良的早期效果，掺量也比单组分早强剂低。在水泥中加入微量的 TEA，不会改变水泥的水化生成物，但对水泥的水化速度和强度有加速作用。当它与无机盐类复合时，不仅对水泥水化起催化作用，而且还能在无机盐与水泥的反应中起催化作用，故其作用效果要较单掺 TEA 显著，并有互补作用。

# 第 3 章　固化机理研究

## 3.1　固化机理分析

### 3.1.1　固化机理研究过程

Purdoniui 最早提出了"碱活性"理论，就是掺入少量的 NaOH，使其在水泥硬化过程中起催化作用，进而使水泥中的硅盐、铝盐等混合化合物能够较容易溶解形成硅酸钠和偏铝酸钠等盐类，然后与 $Ca(OH)_2$ 反应生成硅酸钙和铝酸钙矿物，进而使水泥硬化，新生成的 NaOH 在下一轮激发中能够继续发挥作用。在 20 世纪 60 年代，苏联 Glukhovski 等通过大量试验发现，除 NaOH 外还有很多的化学物质都能作为反应的激发剂，比如碱金属的氢氧化物、碳酸盐、磷酸盐、氟化物、硅酸盐、硫酸盐和硅铝酸盐等，Glukhovski 等将这种新型材料广泛推广于建筑行业，提出了它们的反应机理。进入 20 世纪 70 年代后，伴随着碱激发胶凝材料研究的进一步深入，一些专家学者开始研究无钙体系，并对有钙体系的反应机理进行了相应的补充和深入，比较有代表性的是 Davidovits 和 Malone 的研究。他们深入研究了无机聚合物材料的内部结构和碱激发炉渣水泥的硬化机理，认为无机聚合物材料作为一种新型的胶凝材料，以天然硅铝酸盐矿物与工业废渣为主要原料，在常温条件下与碱性溶液反应成型并硬化，形成铝硅酸盐胶凝材料。

为了制备能耗较低、成本低廉、胶凝效果好的碱激发胶凝材料，我国许多学者对工业废渣作为混合材加入到胶凝材料研制中的可行性做过大量研究。史才军教授对碱激发水泥中发生的碱 - 骨料反应进行研究，对引起水泥发生碱 - 骨料反应的有效碱量进行分析，并对加入矿渣等活性骨料后由碱 - 骨料反应引起的膨胀值进行测定，发现碱激发反应中的碱常常以多种形式存在于混凝土基体中，其中能引起碱硅反应的有效碱量要小于所加碱的总量。碱激发矿渣的膨胀值比较小，主要原因是生成的碱硅凝胶的黏度比较小。胡家国、古得胜等研究了利用粉煤灰作为水泥替代品进行井下充填的可行性。余其俊等制备出 $SiO_2$ 含量大于 90%，且为非晶孔状结构的高火山灰活性的稻壳灰，将稻壳灰掺到普通硅酸盐水泥中，水泥抗压强度和抗折强度明显提高，而且随着水灰比的增大，水泥胶砂强度提高越来越明显。张瑞荣等讨论了粉煤灰与 LIFAC 脱硫灰的差别，脱硫灰的颗粒较粉煤灰小，比表面积比较大，具有火山灰效应。刘孟贺等将 LIFAC 干法脱硫灰作为一种水泥混合材进行研究，制备出性能优异、各项指标符合国家标准规定的水泥。覃霜也对变质岩、磷渣、煤矸石应用于水泥生产进行大量相关研究。宴波、陈涛、肖贤明等发明了一种利用铜尾矿制备水泥的资源化处理方法。郑娟荣、赵振波、栗海玉等发明了一种矿山全尾砂碱胶凝材料。在此发明中充分利用矿渣和粉煤灰等工业废渣，应用碱激发剂将含玻璃体的工业废渣中的天然硅铝酸盐解聚、迁移及再聚合，大大提高了胶凝材料固化体的强度，降低了水泥的掺量。

### 3.1.2　固化机理具体分析

国产固化剂研究大多从水泥加固机理出发，通过在各种基质材料中添加不同激发剂来提高材料的工程性能。粉状固化剂与含有一定水分生态砌块制作混合料混合后，即发生一系列物理化学反应。首先，在混合料中形成大量的富含结晶水的针状晶体，穿插在混合料颗粒空隙间形成强度骨架。其次，硅酸盐类水化物填充在强度骨架之中，使固化体系进一步密实。最后，在激发剂的剧烈作用下，固化剂和部分混合料颗粒参加化学反应，使加压后的混合料强度具有不可逆、良好的耐久性。溶液型固化剂加固机理基于电化学机理，将其溶于水后形成的溶液，与混合料混合，溶液中的高价离子可以改变混合料颗粒表面的电荷特性，降低混合料颗粒间的排斥力，破坏混合料颗粒的吸附水膜，提高混合料颗粒间的吸附力，同时形成结晶盐，在压实的条件下综合提高混合料的承载能力和抗渗能力。高聚类有机溶液，与一定水分的混合料混合后，使胶质电离失去表面阳性，发生一系列物理化学反应，溶液中的高价离子可以改变混合料颗粒表面电荷的特征，降低混合料颗粒间的排斥力，破坏混合料颗粒间的吸附力，使之无法更多地吸收水分，而且这种电反应是恒久的、不可逆的，使混合料中含水量达到稳定平衡，同时形成结晶盐，混合料一旦压实稳固，将不再发生湿涨和塑化。

#### 3.1.2.1　生态砌块固化过程

（1）物理力学过程。

混合料经过粉碎、拌和和压实，混合料的基本单元在外力的作用下彼此靠近，从而减少孔隙率、增大密实度、降低渗水性，这个过程可逆，混合料强度随外界条件会发生变化，是最简单、最基本的加固手段，是混合料制备生态砌块固化反应的必需条件，固化混合料的密度以及分布的均匀性，对强度形成十分必要。

（2）化学过程。

固化剂与混合料某些组分、固化剂本身组分发生反应。固化剂组分与混合料颗粒间火山灰反应、有机分子与混合料颗粒表面间的络合反应等。固化剂本身的水解与水化反应、与空气中二氧化碳的碳酸化反应、有机类固化剂的聚合与缩聚反应等。

（3）物理化学过程。

混合料与固化剂各组分的吸附过程，包括物理吸附、化学吸附和物理化学吸附。物理吸附是在分子力的作用下，混合料基本单元将固化剂中某些组分吸附在其表面，使其表面自由能降低。化学吸附指吸附剂与被吸附物质之间发生化学反应而生成新的不溶性物质，并在吸附剂与被吸附物质之间形成化学键。物理化学吸附是指固化剂中某些离子与混合料基本单元表面离子发生离子交换吸附。在固化剂与混合料的物理化学作用过程中，无机类固化剂主要是物理化学吸附，如无机类固化剂中的钙盐、镁盐溶解后，钙离子与镁离子与混合料基本单元所吸附的钠离子发生交换反应，可以增加混合料颗粒的团聚作用；有机类混合料固化剂主要是物理吸附和化学吸附过程，如高分子材料的某些基团与混合料颗粒之间的物理吸附，高分子材料与混合料颗粒吸附的离子之间可以发生化学吸附。以上 3 个过程因混合料的成分不同而不同，但这 3 个过程并不是相互孤立的，而是相互联系和促进的。这 3 个过程中，只有化学过程和物理过程能使土体力学性能、抗渗性能、耐久性能等工程性能得以改善，而物理化学过程则是保证化学过程和物理化学过程更好地发挥作用。

### 3.1.2.2　生态砌块固化过程的主要反应类型

（1）置换水反应。

固化剂与混合料混合后，对混合料、矿物颗粒有很强的吸附黏结力，能将多余水分在反应中夺走，生成含结晶水的钙矾石针状结晶体 $3CaO \cdot Al_2O_3 \cdot 3CaSO_4 \cdot 31H_2O$，将混合料中大量的自由水以结晶水的形式固定下来，这种反应体积膨胀，把低黏度浆液进一步推进混合料空隙，提高反应速率和土体密实度。

（2）混合料与水泥熟料间水化反应。

水化反应产生具有胶结作用的水化硅酸钙（CSH），混合料颗粒被 CSH 包围黏结在一起产生一定强度。固化剂中碱性激发作用的 $Ca(OH)_2$ 与混合料中活性二氧化硅和氧化铝生成水化硅酸钙与水化铝酸钙。硫酸盐激发作用的硫酸钙与新生成的水化铝酸钙或与氢氧化钙和活性氧化铝反应生成高硫型水化硫铝酸钙，即钙矾石。

（3）离子交换。

离子交换可以显著改善混合料物理性能，提高强度。通过离子交换，降低混合料颗粒对水的吸附能力，破坏混合料颗粒吸附的薄膜水，使水易于排除、压实，提高密度、强度。固化剂可以激发土中 $Fe^{3+}$、$Al^{3+}$ 具有较高的离子强度，与土颗粒中 $Na^+$、$K^+$、$Ca^{2+}$ 进行交换，使黏土胶团表面电流降低，吸附的双电层变薄，电解质浓度增强，生成硅酸钙晶体，体积进一步膨胀，颗粒趋于凝聚，排除土中液相和气相，与针状结晶体互相交叉，形成链状或网状，进而提高水稳性和抗冻性。淤泥中常见阳离子的交换能力为 $Fe^{3+} > Al^{3+} > Ca^{2+} > Mg^{2+} > K^+ > Na^+$。

砌块胶凝材料固化就是利用固化剂的碱激发催化原理，对混合料的水化起催化作用，使矿渣的水化反应速度加快，但是随着时间推移水化反应速度迅速减慢或基本终止。减慢的原因，一是固化剂参与反应生成新的矿物，造成固化剂永久性中毒，活性离子大量减少；二是新生成的矿物附着在表面，堵塞了活性离子反应的通路，使反应速度很快减慢或反应无法进行。具体地讲，一是矿渣与固化剂反应将生成低钙硅酸盐、铝酸盐、硅铝酸盐凝胶，硅铝酸盐将消耗一定量的活性离子造成固化剂永久性中毒，使活性离子大量减少。二是硅铝酸盐、硅酸盐、铝酸盐凝胶等矿物，附着在细小的矿渣颗粒表面，造成结焦和堵塞中毒，活性离子很难穿透硅铝酸盐、铝酸盐、硅酸盐凝胶等矿物，使活性离子失去激发作用，造成固化胶凝材料的反应率很低。水泥基固化材料中，加入一定的减水剂，可以在维持混凝土坍落度不变的条件下，能减少拌和用水量。减水剂大多属于阴离子表面活性剂，有木质素磺酸盐、萘磺酸盐甲醛聚合物等。加入水泥基拌和物后对水泥颗粒有分散作用，能改善其工作性，减少单位用水量，改善混凝土拌和物的流动性；或减少单位水泥用量，节约水泥。基于以上分析，黄河淤泥生态砌块研发时，考虑固化剂、减水剂等对砌块性能的试验研究。

### 3.1.2.3 关于淤泥质土的固化机理研究

（1）减薄双电层厚度。

通过引入带有高价阳离子（$Al^{3+}$、$Fe^{3+}$、$Ca^{2+}$）的盐类，使其与淤泥颗粒表面的低价离子（$K^+$、$Na^+$ 等）进行离子交换反应，从而有效降低水化离子半径和减薄双电层，促进淤泥自身的凝聚，达到固化增强的效果。

（2）添加膨胀组分。

生石膏属于膨胀组分，能够与水泥水化产物反应，提供足够的膨胀性水化物钙矾石（$3CaO·Al_2O_3·3CaSO_4·31H_2O$），使固体体积膨胀 90% 以上，填充土颗粒间的孔隙及挤压土颗粒团。生石膏与水化铝酸钙的反应式如下：

$$3CaO·Al_2O_3·6H_2O + 3(CaSO_4·2H_2O) + 19H_2O \rightarrow 3CaO·Al_2O_3·3CaSO_4·31H_2O \quad (3\text{-}1)$$

（3）提高淤泥 pH 值。

淤泥孔隙水中的 $Ca^{2+}$ 和 $OH^-$ 浓度会很大程度上影响 CSH 的生成量，因此可以通过添加硅酸钠、苛性钠和生石灰等来中和淤泥中的酸，提高淤泥的 pH 值，从而保证淤泥孔隙的溶液 $Ca(OH)_2$ 饱和，促进水泥土的水化反应及火山灰反应。硅酸钠能缩短水泥水化作用过程的时间，其作用机理是，硅酸钠能与水泥水化生成的游离 $Ca(OH)_2$ 发生反应，生成强度高、稳定性好的 CSH 凝胶。其反应机理为

$$Ca(OH)_2 + Na_2O·nSiO_2 + mH_2O \rightarrow CaO·nSiO_2mH_2O + NaOH \quad (3\text{-}2)$$

（4）裂解有机质大分子结构。

$KMnO_4$ 属于强氧化剂，能够使淤泥中的有机质链发生裂解及分解反应，形成小分子或单体，从而改变其结构使之凝聚。在弱碱性的溶液中，$KMnO_4$ 与有机物之间主要以直接氧化作用为主，两者之间发生电子转移，同时 $KMnO_4$ 氧化后生成 $MnO_2$，能够吸附有机质，从而改善淤泥物理性质。其反应机理如下：

$$KMnO_4 + 长链有机质 \rightarrow MnO_2 + 小分子产物 \quad (3\text{-}3)$$

$$MnO_2 + 2H_2O \rightarrow Mn(OH)_2 \quad (3\text{-}4)$$

淤泥中的腐殖酸是具有酸性的、多分散的、偶然性聚合等特征的芳香类大分子有机物，并且以苯环为主。苯环上有酯、酮、羧酸、醛、酚等多种官能团，同时环上一个碳原子可能有一些长链烃物质存在。通过 $KMnO_4$ 的脱烷烃、侧链氧化、醇化等作用后，淤泥中的大分子有机物被氧化为小分子有机物，即有机物发生结构变化，主要以简单的羧酸、醇、醋、醚、烷烃类形式存在。

（5）调节水泥离子和黏土颗粒的活性。

高效减水剂 FDN 是一种具有分散作用的高分子表面活性剂。在淤泥中掺入高效减水剂，不仅可以改善水泥粒子的间距及水泥粒子与黏土颗粒的活性，而且可以提高水泥粒子在水化初期的反应面积，增加其反应的容易度。

### 3.1.2.4 碱激发粉煤灰反应机理研究

粉煤灰自身不存在水硬性，但是将 NaOH、KOH 和 $Ca(OH)_2$ 等碱性的激发

剂掺入到粉煤灰中可以极大地激发粉煤灰的火山灰活性并与碱溶液发生火山灰反应，其活性大小取决于 $SiO_2$ 和 $Al_2O_3$ 含量以及碱浓度。碱激发粉煤灰制备胶凝材料的反应过程可分为以下四个阶段。

①在碱性条件下，粉煤灰颗粒中的 $SiO_2$ 和 $Al_2O_3$ 与碱性溶液中的 $OH^-$ 发生溶解反应，使 Si—O 和 Al—O 等共价键断裂，溶解是整个反应体系中的关键部分，贯穿于整个反应且控制着整个反应的进行。

②断裂后的 Si、Al 组分与碱性溶液里的金属离子 $Na^+$ 和 $OH^-$ 作用形成大量—Si—O—Na、$Al(OH)_4^-$、$Al(OH)_5^{2-}$ 和 $Al(OH)_6^{3-}$ 等硅铝酸盐低聚体，随着反应的进行，这些低聚体由粉煤灰颗粒表面向颗粒间隙逐渐扩散。

③由于低聚体的结构不稳定，在低于 150℃ 的情况下易发生聚合反应，形成新的以硅氧和铝氧四面体相互交联的、胶结性强和聚合度较高的三维网状结构的 N-A-S-H 凝胶。

④这些凝胶聚积在粉煤灰玻璃体内外，随着养护龄期的增长凝胶物质逐渐脱水凝结硬化成块体，能最大限度地填充试样孔隙，使得试样的微观结构更加致密、整体性更强。在碱激发粉煤灰反应早期，粉煤灰颗粒松散地堆积在一起，颗粒之间存在很大的空隙，生成的少量水化产物 N-A-S-H 凝胶物质附着于粉煤灰颗粒表面；随着养护龄期的增长和解聚 - 缩聚反应的不断进行，体系中溶解产生的硅铝低聚体不断向颗粒之间扩散，同时缩聚生成的 N-A-S-H 凝胶数量不断增多，胶体物质积淀在粉煤灰颗粒表层并向外扩展使得试样的孔隙不断缩小；到了反应后期，粉煤灰颗粒被生成的 N-A-S-H 胶体完全包裹，试样隙被填满，基体结构变得更加致密，宏观强度也随之提高。

童国庆等的研究结论主要包括：

①水玻璃模数是影响粉煤灰地聚物试样力学性能的重要因素，水玻璃模数在 0.8 ~ 1.5 的范围内，地聚物试样的无侧限抗压强度随着模数的增大呈现先增大后降低的规律，在模数为 1.1 且养护龄期为 28 d 时试样的抗压强度最高为 10.3 MPa。

②试样的无侧限抗压强度随着养护龄期的增长而增大，在反应初期（7 d）体系中具有足够多的 $OH^-$ 参与反应，但包裹在粉煤灰玻璃体表面的胶凝物质较少，因此试样的早期强度低，孔隙大且结构松散。试样的后期强度增长较快，当试样被养护到 28 d 时，$OH^-$ 和硅铝氧化物被充分消耗，试样孔隙被生成的 N-A-S-H 胶凝所填充，提高了地聚物试样的密实度和整体性。

③粉煤灰玻璃体在碱性溶液的侵蚀破坏下发生通过解聚－缩聚反应，生成的N-A-S-H凝胶物质填充于粉煤灰颗粒之间使试样结构更加致密，凝胶物质的生成促进了地聚物试样抗压强度的增长。

## 3.2　固化剂试验研究方案设计

黄河泥沙属于硅酸盐类矿物，其丰富的化学组成和矿物组为其转化为胶凝材料提供了可能。通过固化剂将富含活性硅铝氧化物并具有火山灰性质的材料转变为胶凝材料，探讨利用黄河淤泥和一些工业废弃物，通过碱激发技术和压制成型工艺，研制出一种新的具有良好力学性能和耐久性的建筑材料。

### 3.2.1　固化剂的发展趋势

长期以来，固化剂的反应产物是众多专家学者讨论的热点问题，不同研究领域的学者学术观点很难统一，主要涉及以下几个方面：一是不同研究领域的学者所使用的试验条件和研究手段不同，影响因素比较多；二是固化剂的体系不同或者激发的化学过程不同，最终导致其反应产物不同。因此，基于上两点，固化剂的未来发展趋势可能有下几点：

①系统分析固化剂碱激发性能的影响因素，针对不同土质、建筑垃圾、工业固废成分差异对固化剂碱激发性能波动影响的问题，着力研究怎样提高固化剂对不同土质、建筑垃圾、工业固废碱激性能，且稳定可靠，并寻找与固化剂材料适应的减水剂。

②尽量发挥固化剂胶凝材料的胶凝性能，使制作出的建筑材料能够替代目前广泛使用的常规胶凝材料，实现胶凝材料工业的低碳发展，为建筑材料的节能减排及其低碳发展发挥其应有的作用。

③充分发挥固化剂胶凝材料的性能特点，克服其自身脆性大、收缩大、易泛碱等不足，通过一些改性措施使固化剂胶凝材料具有更优异性能，并赋予其特殊的功能使其作为特种功能材料而被使用。

### 3.2.2　固化剂研究进展

杨久俊等分析了黄河淤泥的特性，通过离子交换激发黄河淤泥活性，讨论了不同激发剂的活化效果。以活化土为主要原料，掺入无机固化剂、有机固化剂及黄麻纤维制备黏土基墙体材料，并研究了固化强化措施对其性能的影响。结果表明，2%的复合激发剂（水玻璃与氯化钙的体积比为1∶1）能有效活化黄河淤土，采用活化土、无机固化剂、砂质量比为 65∶25∶10 进行配合，辅以 1.8% 聚丙烯酸钙和 0.8% 的黄麻纤维即可制备出满足 MU10 等级要求的黏土基墙体材料。

郑乐利用 $Ca(OH)_2$ 改性黄河泥沙后，其抗压强度有明显提高，在一定范围内，随着 $Ca(OH)_2$ 掺量的增加，同龄期的试块抗压强度增长幅度也越来越大；通过 XRD、TG-DTG 及 SEM 测试结果表明，利用 $Ca(OH)_2$ 对黄河泥沙改性后，反应产物主要是无定型胶凝物质和 $CaCO_3$。分别单独利用 $Ca(OH)_2$ 与 NaOH 对黄河泥沙／矿粉复合胶凝材料进行激发改性，再通过复掺 $Ca(OH)_2$ 和 NaOH 的方式激发改性黄河泥沙／矿粉复合材料，并研究其不同养护条件下的抗压强度变化趋势。结果表明：在利用 $Ca(OH)_2$ 对黄河泥沙／矿粉复合材料进行激发改性时，其抗压强度基本随着 $Ca(OH)_2$ 掺量的增加而增加；随着龄期增长，改性黄河泥沙／矿粉复合胶凝材料的抗压强度也呈增长趋势，当 $Ca(OH)_2$ 掺量大于 5% 时，试块 90 d 抗压强度均大于 13 MPa，符合防汛石材 90 d 抗压强度大于 10 MPa 的要求。在利用 NaOH 对黄河泥沙／矿粉复合材料进行激发改性时，其早期抗压强度增长迅速，当 NaOH 掺量大于 3% 时，其抗压强度呈劣化趋势。在复掺 $Ca(OH)_2$ 与 NaOH 对黄河泥沙／矿粉复合材料进行激发改性时取得了良好的试验效果，试块早期抗压强度增长较快，而且后期并未出现抗压强度劣化情况，泛碱情况也得到了改善，当 NaOH 掺量为 0.5%，$Ca(OH)_2$ 掺量为 5% 或 7.5% 时，试块抗压强度在 28 d 就达到了 10 MPa，并且在 28 d 后抗压强度稳定保持大于 10 MPa 的水平。为了改善其抗压强度，加入少量的 NaOH 及石膏后，其抗压强度有明显提高，当二水石膏掺量为 7.5%，NaOH 掺量为 2%，$Ca(OH)_2$ 掺量为 5% 时改性黄河泥沙／红色煤泥试块的抗压强度达到峰值，养护 90 d 时抗压强度达到 14.4 MPa。

### 3.2.3 固化剂研究存在的问题

#### 3.2.3.1 黄河淤泥生态砌块固化剂的选择问题

从已有的有关土壤固化剂、砖（砌块）固化剂的研制中，也找到了很多种类的材料具有碱激发性能，但是如何找到最适宜于黄河淤泥、工程挖方、建筑垃圾以及工业固废不同原材料的固化剂，是一项艰巨的工作，必须从固化机理出发，进行大量试验研究。

#### 3.2.3.2 碱激发黄河泥沙胶凝材料中的原料选择问题

为了达到"取之黄河，用之黄河"的目的，也为了响应低碳环保、经济合理的需求，需要从掺合料、固化剂两个角度综合考虑原料的选择，掺合料尽量选择黄河沿岸大量存在的建筑垃圾、工业废渣，固化剂尽量选择价格低廉，并对黄河泥沙及掺合料有良好激发效果的固化剂。

### 3.2.3.3　黄河淤泥固化静压成型工艺问题

成型是获得良好产品的基础，在砌块（砖）生产中，主要有三种成型方式，第一种是采用半干压制成型，高温烧结的方法，这种方法生产出的（砖）砌块虽然强度很高，但需要先干燥一段时间，再在 950～1 250℃下烧制，对干燥速度、干燥水分、烧成温度的要求苛刻，在实际工程中，不能够大规模生产；第二种是采用振动密实成型工艺，这种成型设备性能要求相对较低，但材料里需要较多的胶凝材料，对材料性能要求较高；第三种是采用高压静压成型，水分在淤泥最优含水率左右，通过高压静压与固化剂固结相结合的成型方式，常温自然养护即可，但对成型工艺以及固化剂要求严格。

### 3.2.4　固化剂试验研究的思路

采用黄河淤泥制作生态砌块，材料火山灰活性不高，选择胶凝材料和固化剂至关重要。研究黄河淤泥在不同颗粒级配下，根据当地资源条件，适当加入建筑垃圾、工业废料粉料的比例不同，通过采用产品微观扫描电镜（SEM）、原料及产品矿物成分分析（XRD）等技术手段，分析其强度增长机理，并在考虑经济合理性的前提下通过改进固化剂、掺加不同比例外掺料等方式确定黄河淤泥制作生态砌块的最优配合比。

试验选用的固化剂从以下四类着手：

①碱类，主要是 NaOH 等；

②硅酸盐类，主要为不同模数的水玻璃或偏硅酸钠；

③非硅酸弱酸盐，主要是碳酸盐、亚硫酸盐等；

④化工含碱废料。考虑到碱性化合物的碱性、价格、实际激发效果、试验操作难易程度等因素，可以优选含有 NaOH、$Ca(OH)_2$ 等含碱废料作为固化剂。

在以上四类固化剂的基础上，还可以考虑选用生石灰作为固化剂（胶凝剂），但要考虑生石灰爆裂问题；另外，可以采用高聚类离子固化剂、纤维素醚等有机酶蛋白固化剂，再适当加入一定减水剂等。具体黄河淤泥生态固化胶凝材料试验方案设计思路如下：

①水泥＋氢氧化物；

②水泥＋氢氧化物＋碳酸盐；

③水泥＋氢氧化物＋硫酸盐；

④水泥＋脱硫石膏；

⑤水泥＋脱硫石膏＋氢氧化物；

⑥水泥＋氢氧化物＋水玻璃；

⑦水泥＋氯盐＋硫酸盐＋减水剂。

# 第4章　生态砌块试验研究现状

有关黄河淤泥、建筑垃圾和工业固废综合利用的研究较多，尤其是利用黄河淤泥、建筑垃圾和工业固废制作生态砌块（砖）方面，取得了很多研究成果。通过介绍国内外学者对黄河淤泥、建筑垃圾和工业固废综合利用的研究成果以及结论，在借鉴前人成功经验的基础上，对该技术的精细化、量化探索，希望能为广大利用黄河淤泥、建筑垃圾和工业固废综合利用的企业和个人提供帮助。

## 4.1　粉质黏土地层基坑渣土免烧砖配比及力学性能研究

姚清松等对以基坑开挖粉质黏土为主要原料、水泥为胶凝材料、细砂为级配增强材料制备渣土免烧砖进行配比试验，通过对试验结果进行线性回归和单因素分析，探究各因素对试样耐水性和抗压强度的影响规律。研究结果表明，采用粉质黏土地层基坑渣土制备的免烧砖，其软化系数随水泥和细砂占比增加而增大；7 d 抗压强度和 28 d 抗压强度随水泥占比增加而增大，随秸秆纤维占比增加而减小。在采用较优材料配比时，制得免烧砖软化系数大于 0.8，7 d 及 28 d 抗压强度均大于 10 MPa，达到《非烧结垃圾尾矿砖》（JC/T 422—2007）MU10 等级要求。

## 4.2　黄河淤泥制备黏土基墙体材料性能研究

杨久俊等对黄河淤泥进行活化改性试验。依据表 4-1 的比例称取土样倒入搅拌机中搅拌，将适量激发剂加入水中溶解，待激发剂完全溶解后缓慢加入搅拌中的土样，搅拌 5 min 后取出，封闭陈放 24 h 使土样与激发剂充分反应。

表 4-1　激发剂种类和掺量

| 激发剂 | 液态硅酸钠＋氯化钙 | | | 磷酸 | | | — |
|---|---|---|---|---|---|---|---|
| 质量比 | 1:1 | | | — | | | — |
| 掺量/% | 1 | 2 | 3 | 4 | 6 | 8 | — |
| 编号 | A | B | C | D | E | F | G |

块材试样按表 4-2 的配比制作、养护、试验。具体试验结果如下所述。

表 4-2　黏土基墙体材料配合比激发剂种类和掺量

| 编号 | 活化土/% | 水泥/% | 粉煤灰：生石灰（质量比1:1)/% | 砂/% | 水料比 | 减水剂/% | 聚丙烯酸钙/% | 麻纤维/% |
|---|---|---|---|---|---|---|---|---|
| 1 | 75 | 6 | 13 | 6 | 0.22 | 4 | — | — |
| 2 | 70 | 8 | 14 | 8 | 0.22 | 6 | — | — |
| 3 | 65 | 8 | 17 | 10 | 0.22 | 6 | — | — |
| 4 | 62 | 8 | 20 | 10 | 0.22 | 6 | — | — |
| 5 | 65 | 8 | 17 | 10 | 0.22 | 6 | 1.2 | — |
| 6 | 65 | 8 | 17 | 10 | 0.22 | 6 | 1.5 | — |
| 7 | 65 | 8 | 17 | 10 | 0.22 | 6 | 1.8 | — |
| 8 | 65 | 8 | 17 | 10 | 0.22 | 6 | 2.1 | — |
| 9 | 65 | 8 | 17 | 10 | 0.22 | 6 | — | 0.6 |
| 10 | 65 | 8 | 17 | 10 | 0.22 | 6 | — | 0.8 |
| 11 | 65 | 8 | 17 | 10 | 0.22 | 6 | — | 1.0 |
| 12 | 65 | 8 | 17 | 10 | 0.22 | 6 | — | 1.2 |
| 13 | 65 | 8 | 17 | 10 | 0.22 | 6 | 1.8 | 0.8 |

（1）当水玻璃和氯化钙以 1:1 的质量比复配，以 2% 的掺量加入土样中时，能够明显地提高土样的抗压强度，抗压强度较未激发时的抗压强度提高了 6%。

（2）活化黄河淤土掺量由 75% 降至 65%，抗压强度呈明显的上升趋势，但随着激活土掺量的继续降低，试件的抗压强度变化不大。

（3）以 65% 的活化黄河淤泥和 25% 无机固化剂为主要材料，并辅以掺加 1.8% 的聚丙烯酸钙和 0.8% 的黄麻纤维强化固化，能够配置出抗压强度达到 13.5 MPa、软化系数为 0.87 的黏土基墙体材料，满足了《烧结普通砖》（GB/T 5101—2017）的 MU10 等级的黏土砖的性能要求。

图 4-1（a）为掺聚丙烯酸钙试件的抗压强度和软化系数的试验结果。由图可以看出，聚丙烯酸钙在试件中的掺量为 1.8% 时，抗压强度达到 13.9 MPa，与基准试样相比较提高 1 倍以上。这是由于丙烯酸和氢氧化钙加入到黄河淤泥后发生酸碱中和反应生成丙烯酸钙，生成的丙烯酸盐会发生自由基聚合反应，形成不溶于水的网状高分子链，这样土颗粒就被强度高、有塑性的链包围，形成一个空间网，起到了提高黏土基墙体材料强度的作用。同时，由于丙烯酸钙聚合物有保水作用，在试件饱水条件下吸收的大量水分会减少淤泥颗粒在受压条件下的滑移阻力，因而，软化系数明显下降。黄麻纤维能够提高墙体材料的抗压强度，当体积掺量为 0.8% 时，试件抗压强度为 9.1 MPa，较基准试件提高 35%，黄麻纤维的加入可以在试样中形成交错的三维结构，在试件受压产生变形时，由于黄麻纤维牵拉作用有效吸收部分破坏能量，减缓裂纹的延伸，进而提高黏土基墙体材料的强度。同样，由于黄麻纤维的阻裂作用，试件的软化系数与基准试件相比并无太大差异，都维持在 0.9 以上。尽管黄麻纤维具有明显的增强效果，但其本身的局部物理强化作用与聚丙烯酸钙的均布的化学固化相比还是有一定差距，强度的提高仍然有限。

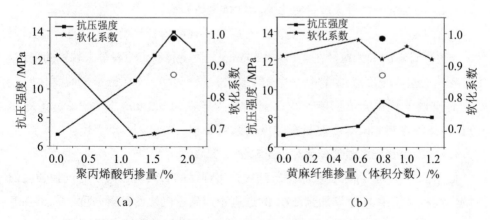

（a）　　　　　　　　　　（b）

图 4-1　聚丙烯酸钙、黄麻纤维掺量与墙体材料性能的关系

活化黄河淤土取代 30% 水泥作为胶凝材料的砂浆试件抗压强度检测结果表

明，掺入水玻璃＋氯化钙复配激发剂活化土试件的强度较未活化的黄河淤土均有一定程度提高，掺量为 2% 时，28 d 抗压强度提高了 6%。这是由于水玻璃在空气中的 $CO_2$ 和 $CaCl_2$ 共同作用下，能从溶液中析出活性极高的 $SiO_2$ 包裹于淤土颗粒的周围，将颗粒黏结在一起，在水泥水化硬化的同时，凝胶紧密地结合在颗粒表面，形成一个整体。同时，水玻璃和氯化钙的反应产物 $Ca(OH)_2$ 可以填充于硅胶的脱水孔隙中，提高试件的致密度和强度。磷酸的激发效果不太明显，在所有磷酸激发的试验中，抗压强度提高的最好结果是 2%，并且随着掺量的增加有下降趋势。这主要归因于磷酸的加入降低了砂浆体系的 pH 值，影响了水泥水化产物的稳定性，尽管磷酸与淤土中的 $CaCO_3$ 的反应产物磷酸钙能够提高试件强度，但砂浆试件的强度主要依赖于水化硅酸钙凝胶，所以磷酸的掺量愈大试件强度会逐渐降低。比较上述两种激发剂的活化效果的掺量，水玻璃和氯化钙的复配是最合适的激发剂。

# 4.3　利用再生骨料制备固废生态砌块的研究

陈家珑采用再生细骨料、水泥、粉煤灰和矿粉作为制备生态砌块的原材料，研究了再生细骨料和配合比对生态砌块强度的影响。

### 4.3.1　再生骨料对生态砌块强度的影响

材料及相关成型工艺为：再生细骨料、PO 42.5 级水泥、人工搅拌、混合养护，即在标准养护室养护 7 d 后移至室外自然养护至 28 d。

#### 4.3.1.1　再生骨料的最大粒径对生态砌块强度的影响

如图 4-2 所示，整体变化趋势为生态砌块的强度随骨料最大粒径的增大而降低。当再生骨料的最大粒径在 4.75～9.50 mm 之间变化时，随着最大粒径的增加，生态砌块的抗折强度逐渐降低；当骨料最大粒径在 6.0～8.0 mm 之间变化时，对生态砌块的抗压强度影响不大；但当最大粒径由 8.0 mm 增至 9.5 mm 或由 6.0 mm 减为 4.75 mm 时，对抗折强度的影响却相当明显。

#### 4.3.1.2　再生骨料中细粉含量对生态砌块强度的影响

如图 4-3 所示，细粉含量对生态砌块抗压强度的影响明显大于对抗折强度的影响。细粉含量由 10% 增加到 20% 的过程中，生态砌块的抗折强度、抗压强度均出现一定程度的下降，在细粉含量 20%～40% 之间抗压强度、抗折强度呈上升趋势，其中，在细粉含量 25%～30%，生态砌块的抗压强度呈下降趋势，整体呈上升趋势。

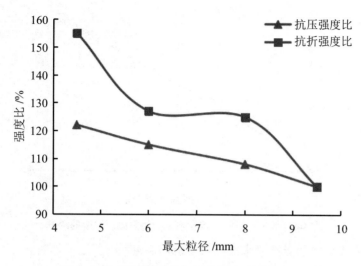

图 4-2　再生骨料最大粒径对生态砌块强度的影响

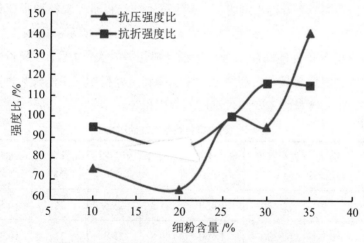

图 4-3　再生骨料中细粉含量对生态砌块强度的影响

#### 4.3.1.3　再生骨料的初始含水率对生态砌块强度的影响

再生骨料破碎后表面粗糙，棱角较多，内部存在大量微裂缝，使再生骨料的孔含量增大，吸水率增大。再生骨料的吸水率直接影响用水量的大小，甚至水泥的水化程度和生态砌块的强度。由图 4-4 可以看出，再生骨料的初始含水率由 4.1% 提高到 10.2% 的过程中，生态砌块的抗压强度以及抗折强度显著增长，变化趋势近似于线性，且对抗压强度和抗折强度的影响程度也基本相当。

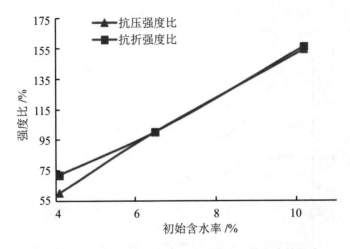

图 4-4　再生骨料的初始含水率对生态砌块强度的影响

#### 4.3.1.4　再生骨料的种类对生态砌块性能的影响

建筑垃圾的来源各不相同，生产出来的再生骨料材料的性能也千差万别。使用 1 号再生细骨料、2 号再生细骨料、3 号再生细骨料研究骨料种类变化对生态砌块强度的影响，三种再生细骨料的基本性能如表 4-3 所示。由表 4-3 可知，1号再生细骨料的各种性能与后两种再生细骨料相差较大；2 号、3 号再生细骨料的初始含水率、泥块含量、表观密度、吸水率和压碎指标值相差较大，而堆积密度、孔隙率、细粉含量相差较小，细度模数则相等。

表 4-3　再生细骨料基本性能对比

| 骨料 | 初始含水率 /% | 泥块含量 /% | 表观密度 / (g·cm⁻³) | 堆积密度 / (g·cm⁻³) | 孔隙率 /% | 压碎指标 /% | 细粉含量 /% | 吸水率 /% | 细度模数 |
|---|---|---|---|---|---|---|---|---|---|
| 1 号 | 6.7 | 1.0 | 2 470 | 1 450 | 41.3 | 23.6 | 26 | 10.5 | 2.8 |
| 2 号 | 0.1 | 0.1 | 2 330 | 1 160 | 49.8 | 25.8 | 31 | 16.9 | 2.5 |
| 3 号 | 4.1 | 1.5 | 2 240 | 1 150 | 48.7 | 31.4 | 32 | 19.6 | 2.5 |

三种再生细骨料对生态砌块强度的影响如图 4-5 所示。

由表 4-3 和图 4-5 可知，骨料的压碎指标表征再生骨料强度的大小，压碎指标值越大，骨料强度越低。当再生骨料的多种性能共同变化时，生态砌块的强度变化与单一因素影响有所区别。这不仅体现了再生骨料性能对生态砌块影响的复杂性，也反映了实现生态砌块质量控制的难度。

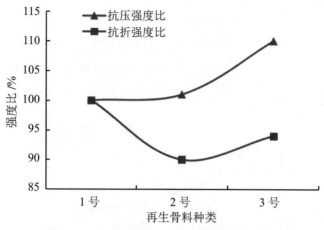

图 4-5　再生骨料种类对生态砌块强度的影响

### 4.3.2　配合比对生态砌块强度的影响

本节主要研究水灰比、灰骨比、矿物掺和料种类与掺量对生态砌块强度的影响。试验过程中，再生细骨料性能、水泥种类和等级、成型工艺、养护制度和检测方法保持不变。所用材料主要有再生细骨料、PO42.5 级水泥等，人工搅拌，混合养护，即在标准养护室养护 7 d 后移至室外自然养护至 28 d。

#### 4.3.2.1　水灰比

水灰比是用水量与水泥用量的比值。选取不同水灰比进行对比，水灰比对生态砌块强度的影响如图 4-6 所示。由图 4-6 可知，当水灰比在 0.80 ~ 1.10 之间变化时，生态砌块的抗折强度随水灰比的增加而增大；除水灰比为 1.0 时例外，生态砌块的抗压强度随水灰比的增加而增大。

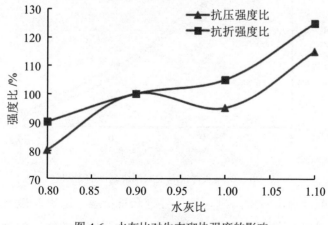

图 4-6　水灰比对生态砌块强度的影响

#### 4.3.2.2 灰骨比

灰骨比即为水泥用量与再生细骨料用量之间的比值,表征的是单位体积内水泥用量的大小,灰骨比越大,单位体积内水泥用量越大。选用不同灰骨比进行试验,研究灰骨比对生态砌块强度的影响。灰骨比对生态砌块强度的影响如图4-7所示。由图4-7可知,随着灰骨比的增加,生态砌块的强度比呈下降趋势。

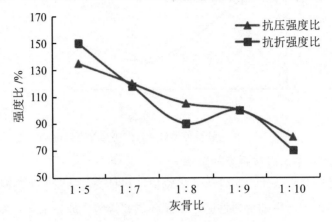

图4-7　灰骨比对生态砌块强度的影响

#### 4.3.2.3 矿物掺和料种类与掺量

选取Ⅲ级粉煤灰和磨细矿渣两种矿物掺和料,分别以10%、20%、30%的比例等质量替代水泥进行试验。粉煤灰掺量变化对生态砌块强度的影响如图4-8所示。

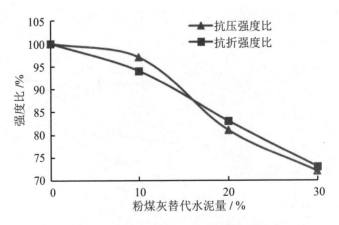

图4-8　粉煤灰掺量对生态砌块强度的影响

由图4-8可以看出,生态砌块抗压强度和抗折强度随着粉煤灰替代水泥量的增加而明显降低,但变化趋势略有不同,抗折强度与粉煤灰的替代量近似呈线性变化，而抗压强度在粉煤灰替代量为 0% ~ 10% 之间变化时，抗压强度变化幅度较小，说明在生态砌块的生产过程中可以用少量（＜ 10%）的粉煤灰替代水泥使用。

磨细矿渣掺量变化对生态砌块强度的影响如图 4-9 所示。由图 4-9 可以看出，生态砌块的强度随着磨细矿渣替代水泥量的增大而增大；同时，磨细矿渣替代水泥量超过 30% 后，强度比有下降的趋势。

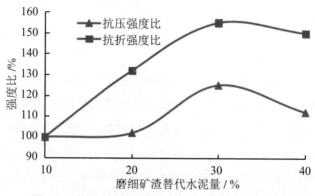

图 4-9　磨细矿渣替代水泥量对生态砌块强度的影响

# 4.4　硅酸盐水泥固化淤泥材料及建材制品研究

张育新通过胶凝材料单掺试验及正交试验，分析了影响烘干养护的各种因素，确定淤泥试件最佳养护制度。通过固化材料及外加剂的单掺试验确定其固化淤泥影响规律和掺量范围，通过正交试验确定硅酸盐水泥基固化材料体系的最佳配合比；以最佳配合比的固化淤泥材料制备免烧砖，并开展对免烧砖成型工艺、物理性能等研究。主要结论如下所述。

（1）固化淤泥材料最优养护制度为静养时间 6.0 h，烘干温度 70℃、烘干时间 3.0 h，烘后自然养护 7 d。

（2）胶凝材料的固化效果依次为水泥＞硅灰＞生石灰＞粉煤灰，其中固化淤泥力学性能随水泥掺量增加呈线性提高，粉煤灰的掺入会降低淤泥试件的早期强度；硅灰掺量为 6.0% ~ 15.0% 时，固化淤泥力学性能随掺量增加而显著提高，但掺量超过 15.0% 时，固化淤泥力学性能降低；生石灰掺量为 2.0% ~ 6.0% 时，固化淤泥力学性能随掺量增加而提高，掺量超过 6.0% 时，固化淤泥力学性能提高趋缓。

（3）增强剂的固化能力依次为 ZYD ＞ ZYC ＞ ZYA ＞ ZYB ＞ ZYE。

（4）固化材料最佳掺量：水泥 25.0%、硅灰 10.0%、生石灰 3.0%、增强剂 ZYD 1.0%，增强剂 ZYC 5.0%。

（5）免烧砖最佳配比：淤泥、水泥、硅灰、生石灰、增强剂 ZYD、增强剂 ZYC 的质量比为 1.00∶0.45∶0.18∶0.05∶0.09∶0.02。

（6）免烧砖外观质量和尺寸偏差满足标准要求，免烧砖不泡水和泡水处理后的抗压强度均达到 MU15 级标准，免烧砖体积密度 1 680 kg/m³，吸水率 11.6%，软化系数 0.85，符合标准要求。

（7）淤泥免烧砖耐酸性较差，耐碱性能良好。免烧砖在酸性溶液中力学性能降低，在中性溶液中无明显变化，在碱性溶液中力学性能增加。

张育新仅对淤泥固化材料及其免烧砖进行宏观性能的初步研究，尚有一些问题有待进一步深入探讨，如淤泥固化增强机理、固化淤泥耐久性研究、免烧淤泥建材产品的工程应用技术研究。研究的主要创新点得到以硅酸盐固化淤泥体系的最佳组成，并以此制备出主要物理性能满足国家标准要求的淤泥免烧砖。

# 4.5 再生混凝土微粉／水泥基透水性复合材料的试验研究

### 4.5.1 试验研究方案

孙岩主要研究通过采用再生骨料制备透水砖，并通过试验来研究透水砖的一些性能，尤其是不同的水灰比、骨灰比、骨料粒径，以及混凝土外加剂等对透水砖性能的影响。试验主要考虑水灰比、骨灰比以及再生骨料粒径对透水性混凝土路面砖的抗压强度和透水性的影响，试验的配合比采用 3 水平 3 因素的正交试验方法进行。水灰比（W/C）为 0.30、0.35、0.40 这三个水平。骨灰比（G/C）为 3.0、3.5、4.0 这三个水平。综合考虑强度和透水性这两方面的因素，再生骨料的粒径选用为 2.36 ~ 4.75，4.75 ~ 9.50，9.50 ~ 13.60 这三个水平。其中 2.36 ~ 4.75、9.50 ~ 13.60 的掺量为 20%。因此，该试验选用 3 水平 3 因素的正交试验，应用 $L_9(3^4)$ 的正交表，如表 4-4 所示，根据 $L_9(3^4)$ 来安排试验方案，如表 4-5 所示。

表 4-4　正交试验表

| 水平 | 因素 | | |
|---|---|---|---|
| | 骨灰比 (G/C) | 水灰比 (W/C) | 骨料粒径 /mm |
| 1 | 3.0 | 0.3 | 4.75 ~ 9.50 |
| 2 | 3.5 | 0.35 | 2.36 ~ 4.75、4.75 ~ 9.50 |
| 3 | 4.0 | 0.4 | 4.75 ~ 9.50、9.50 ~ 13.60 |

表 4-5　正交试验方案

| 试验编号 | 因素 | | |
|---|---|---|---|
| | 骨灰比 (G/C) | 水灰比 (W/C) | 骨料粒径 /mm |
| 1 | 3.0 | 0.3 | 4.75 ~ 9.50 |
| 2 | 3.0 | 0.35 | 2.36 ~ 4.75、4.75 ~ 9.50 |
| 3 | 3.0 | 0.4 | 4.75 ~ 9.50、9.50 ~ 13.60 |
| 4 | 3.5 | 0.3 | 2.36 ~ 4.75、4.75 ~ 9.50 |
| 5 | 3.5 | 0.35 | 4.75 ~ 9.50、9.50 ~ 13.60 |
| 6 | 3.5 | 0.4 | 4.75 ~ 9.50 |
| 7 | 4.0 | 0.3 | 4.75 ~ 9.50、9.50 ~ 13.60 |
| 8 | 4.0 | 0.35 | 4.75 ~ 9.50 |
| 9 | 4.0 | 0.4 | 2.36 ~ 4.75、4.75 ~ 9.50 |

　　制备透水砖时，骨料和水泥用 JQ350 型高效立式搅拌机进行搅拌，利用传送带把拌和料送到 HY-QT4-25 型混凝土砌块成型机的料斗里，先进行静压成型，之后再振动成型（成型工艺的影响），成型振动时间为 18 s，两次振动成型。待试样在 20℃ ±2℃、相对湿度 90% 的自然环境下放置 24 h 后进行码垛养护 28 d 后，测试透水砖的抗压强度、透水系数、总孔隙率和连通孔隙率。

#### 4.5.2 试验结果分析

28 d 后透水砖的抗压强度、透水系数、总孔隙率和连通孔隙率测试结果如表 4-6 所示。

表 4-6 28 d 透水砖试验结果

| 编号 | 抗压强度 /MPa | 透水系数 /（mm·s$^{-1}$） | 总孔隙率 /% | 连通孔隙率 /% |
|---|---|---|---|---|
| 1 | 16.31 | 5.34 | 28.42 | 26.03 |
| 2 | 18.56 | 4.45 | 24.38 | 22.35 |
| 3 | 15.52 | 7.54 | 27.71 | 23.52 |
| 4 | 17.05 | 3.36 | 20.88 | 17.78 |
| 5 | 16.78 | 6.48 | 25.80 | 23.63 |
| 6 | 16.91 | 7.04 | 23.47 | 20.53 |
| 7 | 15.24 | 6.26 | 24.05 | 21.08 |
| 8 | 16.62 | 5.32 | 21.92 | 17.79 |
| 9 | 17.32 | 3.93 | 23.87 | 20.37 |

由表 4-6 可知，第 2 组试验的抗压强度最大，为 18.56 MPa，其透水系数最小，为 4.45 mm/s；第 3 组试验的透水系数最大，为 7.54 mm/s，其抗压强度为 15.52 MPa。由此可以看出，透水砖的抗压强度和透水系数是两个相互矛盾的指标，即当透水砖的抗压强度越大，其透水系数就越小；而当透水系数越大，其抗压强度越小。各组的连通孔隙率都满足规定的 15%～25%，只有第 1 组的孔隙率超过规定标准。

同时结合试验结果的极差分析，各影响因素的主次顺序为：骨料粒径＞水灰比＞骨灰比，说明骨料粒径的影响最大，骨灰比的影响最小。而 A2、B2、C2 这三组的抗压强度值最大，相应的水灰比为 0.35，骨灰比为 3.5，骨料粒径为 2.36～4.75 的含量占 20%，其余的为 4.7～9.5 粒径的骨料。

对于透水砖的透水系数而言，结合极差分析表 4-7 可以看出，影响因素的主次顺序为：骨料粒径＞骨灰比＞水灰比，骨料粒径对透水系数的影响最大，水灰比影响最小。而 A3、B2、C3 这三组的透水系数最大，相应的水灰比为 0.4，骨灰比为3.5,骨料粒径为9.5～13.6的含量占20%,其余的为4.75～9.50粒径的骨料。

表4-7　试验结果的极差分析

| 考核指标 | 因素 | $K_{1j}$ | $K_{2j}$ | $K_{3j}$ | $\overline{K_{1j}}$ | $\overline{K_{2j}}$ | $\overline{K_{3j}}$ | 极差 $R_j$ |
|---|---|---|---|---|---|---|---|---|
| 抗压强度 /MPa | 水灰比 A | 48.60 | 51.96 | 49.75 | 16.20 | 17.32 | 16.58 | 1.12 |
| | 骨灰比 B | 50.39 | 50.74 | 49.18 | 16.80 | 16.91 | 16.39 | 0.52 |
| | 骨料粒径 C | 49.84 | 52.93 | 48.54 | 16.61 | 17.64 | 16.18 | 1.46 |
| 透水系数 /（mm·s⁻¹） | 水灰比 A | 14.96 | 16.25 | 18.51 | 4.99 | 5.42 | 6.17 | 1.18 |
| | 骨灰比 B | 16.33 | 16.88 | 15.51 | 5.44 | 5.63 | 4.17 | 1.46 |
| | 骨料粒径 C | 17.70 | 11.74 | 19.34 | 5.9 | 3.91 | 6.45 | 2.54 |
| 连通孔隙率 /% | 水灰比 A | 64.89 | 63.77 | 64.42 | 21.63 | 21.26 | 21.47 | 0.47 |
| | 骨灰比 B | 71.90 | 61.94 | 59.24 | 23.97 | 20.65 | 19.75 | 4.22 |
| | 骨料粒径 C | 64.35 | 60.50 | 68.23 | 21.45 | 20.17 | 22.74 | 2.57 |
| 总孔隙率 /% | 水灰比 A | 73.35 | 63.77 | 75.05 | 24.45 | 21.26 | 25.02 | 3.76 |
| | 骨灰比 B | 80.51 | 70.15 | 69.84 | 26.84 | 23.38 | 23.28 | 3.56 |
| | 骨料粒径 C | 73.81 | 69.13 | 77.56 | 24.60 | 23.04 | 25.85 | 2.71 |

综合分析来看,由于路面透水砖的抗压强度是最主要的影响因素,具有一定抗压强度的透水砖,只需满足一定的透水率即可,因此本试验最优的配合比是A2B2C2,相对应的水灰比、骨灰比、骨料粒径分别为0.35、3.5、2.36～4.75的骨料粒径含量占20%,其余的为4.75～9.50粒径的骨料。

# 4.6　建筑垃圾中废弃砖渣的利用研究

李炜采用静压成型,利用废砖粉作为一种活性胶凝材料来使用取代粉煤灰,参考免蒸免烧粉煤灰砖制备工艺生产免蒸免烧压制砖。通过试验,找到合理的生产工艺和活性激发方案。

### 4.6.1 试验方案

制备原材料由 80 μm 筛余率 1.2% 的废砖粉、生石灰、最大粒径为 2.36 mm 的砂石骨料、石膏、FDN-A 型减水剂和 NaOH 等材料组成。制备的压制生态砌块尺寸为 240 mm 边长，115 mm 宽，53 mm 厚。成型压力和用水量初期强度和成型效果主要受成型压力影响，因此压力选取尤为重要。最终选定成型压力为 20 MPa，即 560 kN 左右，用水量为 14%~18%。

选用 4 因素 3 水平正交方案进行配比试验，四个因素分别为砖粉、生石灰、外加剂掺量和用水量，其中用水量以水的质量与固体混合料总质量的比值来表示。根据表 4-8 所列因素水平设计配合比方案。

表 4-8　正交试验因素水平表

| 水平因素 | 砖粉 | 生石灰 | 外加剂 | 用水量 |
|---|---|---|---|---|
| 1 | 60% | 8% | A | 16% |
| 2 | 65% | 12% | B | 18% |
| 3 | 70% | 16% | C | 14% |

外加剂是 FDN-A 减水剂与 NaOH 的固体混合物，外加剂掺量的三个水平分别以 A、B、C 表示，A 代表 0.5% FDN-A 减水剂 + 0.4% NaOH，B 代表 1.25% FDN-A 减水剂 + 0.6% NaOH，C 代表 2.0% FDN-A 减水剂 + 0.8% NaOH。每组试验所加石膏按 2% 定量称取，骨料的百分比按固体混合料总量减去其余固体用料所得，制作每块砖时称取的固体混合料总质量为 3 kg。压制砖配合比方案见表 4-9。

表 4-9　压制砖配合比

| 配比编号 | 固体混合料 | | | | | 用水量 |
|---|---|---|---|---|---|---|
| | 砖粉 | 生石灰 | 外加剂 | 石膏 | 骨料 | |
| 1 | 60% | 8% | A | 2% | 29.10% | 16% |
| 2 | 60% | 12% | B | 2% | 24.15% | 18% |
| 3 | 60% | 16% | C | 2% | 19.20% | 14% |
| 4 | 65% | 8% | B | 2% | 23.15% | 14% |

续表

| 配比编号 | 固体混合料 | | | | | 用水量 |
|---|---|---|---|---|---|---|
| | 砖粉 | 生石灰 | 外加剂 | 石膏 | 骨料 | |
| 5 | 65% | 12% | C | 2% | 18.20% | 16% |
| 6 | 65% | 16% | A | 2% | 16.10% | 18% |
| 7 | 70% | 8% | C | 2% | 17.20% | 18% |
| 8 | 70% | 12% | A | 2% | 15.10% | 14% |
| 9 | 70% | 16% | B | 2% | 10.15% | 16% |

## 4.6.2　压制砖试验结果与分析

（1）利用固废中的废砖粉所制备的压制砖抗折抗压试验结果如表 4-10 所示。

表 4-10　各配合比下砖的抗折抗压强度

| 配比编号 | 1 | 2 | 3 | 4 | 5 | 6 | 7 | 8 | 9 |
|---|---|---|---|---|---|---|---|---|---|
| 抗折强度 /MPa | 4.18 | 2.01 | 3.77 | 4.28 | 6.36 | 3.36 | 2.26 | 2.83 | 4.94 |
| 抗压强度 /MPa | 16.99 | 15.54 | 20.67 | 21.03 | 34.98 | 17.89 | 12.50 | 16.53 | 29.85 |

（2）正交试验结果极差分析。利用固废中的废砖粉所制备的压制砖抗折抗压强度极差分析结果如表 4-11 所示。

表 4-11　极差分析表

| 编号 | 砖粉 | 生石灰 | 外加剂 | 用水量 | $f_f$/ MPa | $R_p$/MPa |
|---|---|---|---|---|---|---|
| 1 | 60% | 8% | A | 16% | 4.18 | 16.99 |
| 2 | 60% | 12% | B | 18% | 2.01 | 15.54 |
| 3 | 60% | 16% | C | 14% | 3.77 | 20.67 |
| 4 | 65% | 8% | B | 14% | 4.28 | 21.03 |
| 5 | 65% | 12% | C | 16% | 6.36 | 34.98 |
| 6 | 65% | 16% | A | 18% | 3.36 | 17.89 |

续表

| 编号 | | 砖粉 | 生石灰 | 外加剂 | 用水量 | $f_f$/ MPa | $R_P$/MPa |
|---|---|---|---|---|---|---|---|
| 7 | | 70% | 8% | C | 18% | 2.26 | 12.5 |
| 8 | | 70% | 12% | A | 14% | 2.83 | 16.53 |
| 9 | | 70% | 16% | B | 16% | 4.94 | 29.85 |
| $f_f$ | $K_{1j}$ | 9.96 | 10.72 | 10.37 | 15.48 | | — |
| | $K_{2j}$ | 14 | 11.2 | 11.23 | 7.63 | $T_f = 33.99$ | — |
| | $K_{3j}$ | 10.03 | 12.07 | 12.39 | 10.88 | | — |
| 极差 | $R$ | 1.35 | 0.45 | 0.67 | 2.62 | | |
| $R_P$ | $K_{1j}$ | 53.2 | 50.52 | 51.41 | 81.82 | — | |
| | $K_{2j}$ | 73.9 | 67.05 | 66.42 | 45.93 | | $T_R = 185.98$ |
| | $K_{3j}$ | 58.88 | 68.41 | 68.15 | 58.23 | — | |
| 极差 | $R$ | 6.90 | 5.96 | 5.58 | 11.96 | | |

比较表 4-11 中各因素的极差大小，可知对压制砖抗折强度影响主次顺序为用水量 > 砖粉 > 外加剂 > 生石灰。对压制砖抗压强度影响主次顺序为用水量 > 砖粉 > 生石灰 > 外加剂。

（3）各因素与强度之间效应分析。联系各配比具体情况，综合各因素（砖粉、生石灰、外加剂、用水量）在各水平掺量条件下力学性能的平均值，并用散点折线图表示，即得到各因素与强度之间的效应曲线关系图，如图 4-10 和图 4-11 所示。

从图 4-10（a）可以看出，砖粉用量占固体用料 60% 时，抗折强度最低，砖粉掺量 65% 时抗折强度最高，而砖粉掺量提高至 70% 时，抗折强度略有降低。即各水平下抗折强度：砖粉掺量 65% > 砖粉掺量 70% > 砖粉掺量 60%。从图 4-10（b）（c）（d）中可以看出，每个因素在各水平的抗折强度平均值大小情况：生石灰掺量 16% > 生石灰掺量 12% > 生石灰掺量 8%，外加剂 C > 外加剂 B > 外加剂 A，用水量 16% > 用水量 14% > 用水量 18%。

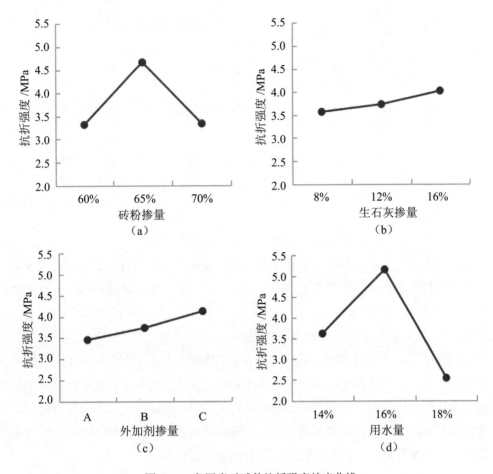

图 4-10　各因素对试件抗折强度效应曲线

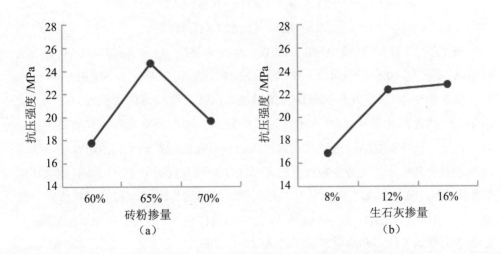

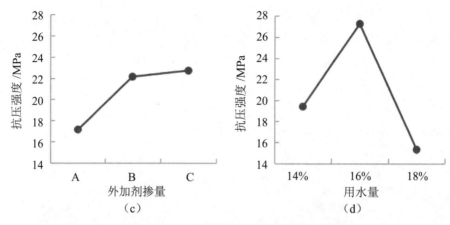

图 4-11　各因素对试件抗压强度效应曲线

根据图 4-11，抗压强度与抗折强度变化趋势基本一致，各水平下抗压强度平均值大小情况也是：砖粉掺量 65%＞砖粉掺量 70%＞砖粉掺量 60%，生石灰掺量 16%＞生石灰掺量 12%＞生石灰掺量 8%，外加剂 C＞外加剂 B＞外加剂 A，用水量 16%＞用水量 14%＞用水量 18%。

随着生石灰掺量的增加，抗折、抗压强度均在提升。生石灰在体系中贡献十分显著，由于本次试验所用的砖粉不含钙元素，因此生石灰不仅在水化反应中补充了硬化结晶所需的钙，起到明显的增钙效果，同时提供了反应的碱性环境。从而生成 C-S-H 凝胶。水化硅酸钙、水化铝酸钙等一系列水化产物，进而产生硬化强度。这一过程从反应式中可以清晰看出。反应式如下：

$$mCa(OH)_2 + SiO_2 + (n-1)H_2O \rightarrow mCaO \cdot SiO_2 \cdot nH_2O \tag{4-1}$$

$$mCa(OH)_2 + Al_2O_3 + (n-1)H_2O \rightarrow mCaO \cdot Al_2O_3 \cdot nH_2O \tag{4-2}$$

$$Fe_2O_3 + 2Ca(OH)_2 \rightarrow CaO \cdot Fe_2O_3 \cdot H_2O \tag{4-3}$$

外加剂用量分别是 A（0.5% FDN-A 减水剂 + 0.4% NaOH）、B（1.25% FDN-A 减水剂 +0.6% NaOH）、C（2% FDN-A 减水剂 + 0.8% NaOH）三个水平，随着 FDN-A 减水剂与 NaOH 掺量增加，抗折、抗压强度增长较为明显，选用 2% FDN-A 减水剂 + 0.8% NaOH 时效果最好。减水剂不具有激发效果，在这里主要贡献是以表面活性剂形式参与的，它吸附在砖粉颗粒上显示电性能，颗粒相互之间带电相斥，使砖粉颗粒分散而释放出颗粒间包裹的水分，具有减水和增强作用。NaOH 是以激发剂形式参与作用的，适当的范围内增加 NaOH 掺量，能增加液相中游离的 OH，使 pH 值降低，在强碱的作用下，砖粉结晶体聚合度降低，达到结构解体条件，产生更多的活性 $Al_2O_3$ 与 $SiO_2$。

用水量的大小对抗折、抗压强度影响甚大，用水量在 16% 时效果最好。水是 $CaO$-$SiO_2$-$Al_2O_3$-$H_2O$ 体系发生水热反应的必要成分，硅铝酸盐反应是放水脱水的过程，反应以水作为媒介，石灰的消解也需要消耗水。用水量不宜过多，否则会降低碱的浓度，抑制水化反应速度，而且成型时水分过多，成型压力一旦选定，压型时混合料大部分被排挤出试模，会大大降低产品质量。用水量过低，不利于水热反应配合物的分散与迁移，而且无法保证体系内水分的均匀性，从而不利于聚合反应及聚合产物的均匀度，在极大程度上不利于材料的强度发展。

力学性能最好的一组是第 5 组，该组固体混合料成分为：65% 砖粉 + 12% 生石灰 + 2% FDN-A 减水剂 + 0.8% NaOH + 2% 石膏 + 18.2% 骨料，用水量占固体混合料比例为 16%。该组抗压强度到 34.98 MPa，抗折强度达到 6.36 MPa，力学性能良好。按照相应测试方法对第 5 组压制砖的吸水率、体积密度进行测试，取其平均值。其中吸水率为 13.4%，体积密度为 1 980 kg/m³。

# 4.7　硅灰和铁尾矿粉复掺对水泥基透水砖强度和透水性的影响研究

刘朋等研究了硅灰和铁尾矿粉两种改性材料采用单掺和复掺的形式对透水砖强度和透水性的影响，以得到透水性好、强度高的透水砖。

## 4.7.1　试验用原材料

试验采用 PO42.5 水泥，水泥的性能指标见表 4-12。

表 4-12　水泥的性能指标

| 比表面积 /(cm²·g⁻¹) | 凝结时间 /min | | 抗压强度 /MPa | | 抗折强度 /MPa | |
|---|---|---|---|---|---|---|
| | 初凝 | 终凝 | 3 d | 28 d | 3 d | 28 d |
| 5 884 | 229 | 310 | 27.1 | 45.2 | 5.4 | 8.4 |

将石灰石、碎石经过淘洗、烘干、筛分直至满足使用要求。试验中所采用的骨料中粒径为 2.36 ~ 4.75 mm 和 4.75 ~ 9.50 mm 的比例分别占骨料总量的 10% 和 90%。试验中所用的粉煤灰为 F 类 II 级粉煤灰，并将原状粉煤灰用转速 300 r/min 的行星式研磨机研磨 10 min。试验中所用硅灰的化学成分和物理性能见表 4-13。

表 4-13　硅灰的化学成分和物理性能

| 化学成分 /% | | | | | | | 物理性能 | |
|---|---|---|---|---|---|---|---|---|
| $SiO_2$ | $Al_2O_3$ | $Fe_2O_3$ | MgO | CaO | $SiO_3$ | 其他 | 烧失量 /% | 比表面积 /($m^2 \cdot g^{-1}$) |
| 90.24 | 1.04 | 2.06 | 0.56 | 0.90 | 0.25 | 4.95 | 0.51 | 18.461 |

试验中用的铁尾矿的主要化学成分见表 4-14，经过分析前期的试验结果，将原状铁尾矿用水泥球磨机机械粉磨 2 h，得到的铁尾矿粉的火山灰性合格且最高。

表 4-14　原状铁尾矿的化学成分

| 化学成分 | $SiO_2$ | $Al_2O_3$ | $Fe_2O_3$ | MgO | CaO | $SiO_3$ | 其他 |
|---|---|---|---|---|---|---|---|
| 含量 /% | 64.26 | 5.21 | 1.86 | 7.87 | 12.07 | 1.24 | 7.49 |

试验中所用的减水剂为粉状聚羧酸类高效减水剂，减水率在 25% 以上。

透水砖的试验方法按照《透水路面砖和透水路面板》（GB/T 25993—2010）执行。

### 4.7.2　透水砖的制备和养护

本试验所制备的透水砖的尺寸为长度 200 mm，宽度 100 mm，高度 60 mm。采用二次投料法和裹石工艺进行机械搅拌，用振动台振捣成型。

透水砖在成型后其表面立即用塑料薄膜覆盖，然后在（20±5）℃的自然条件下养护 24 h 后，编号脱模，最后将透水砖放入温度（20±2）℃、相对湿度 95% 以上的标准养护箱中养护到 28 d 龄期。

### 4.7.3　试验结果与讨论

#### 4.7.3.1　单掺硅灰对透水砖强度和透水性的影响

试验中集胶比为 2.1，粉煤灰掺量为胶凝材料总量的 20%，减水剂掺量为胶凝材料总量的 0.2%，硅灰掺量分别取为 0%、4%、8%、10%，研究单掺硅灰对透水砖强度和透水性的影响，试验结果见表 4-15。

从表 4-15 可见，随着硅灰掺量的增大，透水砖的抗压强度和抗折强度均呈现先增大后减小的趋势；而其透水系数刚好相反，呈现先减小后增大的趋势，但是变化幅度不大。透水砖的抗压强度和抗折强度在硅灰掺量为 4% 时最大而此时透水系数最小，但其透水性也能满足实际使用要求。编号 A1、A2、A3、A4 的水胶比分别为 0.236、0.240、0.269、0.291。可见，硅灰掺量为 4% 的透水砖的水胶比和不掺加硅灰的相比略有提高，仅仅高出不掺加硅灰的透水砖的 1.7%。而当其掺量超过 4% 时，水胶比增加较快，硅灰对水泥石和骨料之间界面过渡层的改善效果变差，透水砖的强度有所下降。而硅灰掺量的变化对透水砖的透水性影响不大，原因在于硅灰对透水砖的增强改性作用使得透水砖的水泥石和骨料之间界面过渡层和水泥石浆体的凝胶孔和毛细孔数量减少，而这两种孔隙对透水砖透水性的影响与大孔相比是微乎其微的。

表 4-15　硅灰掺量对透水砖强度和透水性的影响

| 编号 | 硅灰掺量 /% | 28 d 抗压强度 /MPa | 28 d 抗折强度 /MPa | 透水系数 / (mm·s$^{-1}$) |
|------|------|------|------|------|
| A1 | 0 | 28.2 | 2.9 | 5.90 |
| A2 | 4 | 36.1 | 4.2 | 5.06 |
| A3 | 8 | 35.6 | 4.0 | 5.62 |
| A4 | 10 | 32.6 | 3.8 | 5.79 |

### 4.7.3.2　单掺铁尾矿粉对透水砖强度和透水性的影响

试验中集胶比为 2.1，粉煤灰掺量为胶凝材料总量的 20%，减水剂掺量为胶凝材料总量的 0.2%，铁尾矿粉以外掺的形式掺入透水砖中，铁尾矿粉掺量分别取为 0%、5%、10%、15%，研究单掺铁尾矿粉对透水砖强度和透水性的影响，试验结果如表 4-16 所示。

表 4-16　铁尾矿粉掺量对透水砖强度和透水性的影响

| 铁尾矿粉掺量 /% | 28 d 抗压强度 /MPa | 28 d 抗折强度 /MPa | 透水系数 / (mm·s$^{-1}$) |
|------|------|------|------|
| 0 | 28.2 | 2.9 | 5.90 |
| 5 | 30.8 | 3.1 | 5.06 |
| 10 | 32.9 | 3.5 | 2.81 |
| 15 | 35.0 | 4.1 | 1.86 |

由表 4-16 可知，随着铁尾矿粉掺量的增加，透水砖的抗压强度和抗折强度均逐渐增大，而其透水系数逐渐减小。当透水砖中铁尾矿粉掺量超过 5% 时，透水系数急剧下降。特别值得注意的是，试验中所有掺加铁尾矿粉的透水砖的抗压强度等级均已经达到了国家标准中 C30 等级的要求（即透水砖的平均抗压

强度 ≥ 30 MPa，单块抗压强度 > 25 MPa）。

### 4.7.3.3　硅灰和铁尾矿粉复掺对透水砖强度和透水性的影响

在上述单掺铁尾矿粉其余配合比参数不变基础上，硅灰取最佳掺量 4%，铁尾矿粉仍然以外掺的形式掺入透水砖中，且其掺量分别取为 5%、10%、15%、研究硅灰和铁尾矿粉复掺对透水砖强度和透水性的影响，试验结果如表 4-17 所示。

表 4-17　硅灰和铁尾矿粉复掺对透水砖强度和透水性的影响

| 硅灰掺量 /% | 铁尾矿粉掺量 /% | 28 d 抗压强 /MPa | 28 d 抗折强度 /MPa | 透水系数 /(mm·s$^{-1}$) |
|---|---|---|---|---|
| 4 | 5 | 36.8 | 4.5 | 4.86 |
| 4 | 10 | 37.9 | 4.6 | 2.74 |
| 4 | 15 | 39.0 | 4.9 | 1.46 |

对比表 4-15、表 4-16 和表 4-17 中的试验数据可知，从强度角度考虑，透水砖中硅灰和铁尾矿粉两种改性材料适量复掺比单掺一种改性材料的抗压强度和抗折强度都高，但是透水性却呈现相反的趋势。一方面，透水砖拌和物中复掺硅灰和铁尾矿粉后，由于硅灰和磨细的铁尾矿粉均具有火山灰活性，所以其活性成分会与水泥水化产物中的 $Ca(OH)_2$ 反应，生成了以硅酸钙、铝酸钙及铁铝酸钙为主要成分的新水化矿物，形成了新的多元胶凝材料体系，进一步增强了胶凝材料的胶结性能，并且消耗了 $Ca(OH)_2$，改善了水泥石和骨料的界面过渡层。另一方面，硅灰和磨细的铁尾矿粉中未参与水化反应的组分会填充水泥颗粒之间的空隙，使水泥石结构更加致密。但是，硅灰和铁尾矿粉复掺也使得包裹在骨料表面的浆体厚度增大，导致透水砖的透水性下降。

### 4.7.4　结论

（1）随着硅灰掺量的增大，透水砖的抗压强度和抗折强度均呈现先增大后减小的趋势，而其透水系数刚好相反。硅灰掺量为 4% 时透水砖的抗压强度和抗折强度最大而此时透水系数最小，但其透水性也能满足实际使用要求。

（2）随着铁尾矿粉掺量的增加，透水砖的抗压强度和抗折强度逐渐增大，而透水系数却逐渐减小。

（3）透水砖中硅灰和铁尾矿粉两种改性材料适量复掺比单掺一种改性材料的抗压强度和抗折强度都高，但是透水性却呈现相反的趋势。

## 4.8 矿渣微粉对水泥基轻质保温材料性能的 影响探究

孙鲁军等利用水泥、矿渣微粉、激发剂、骨料等原材料，制备生态砌块。确定了矿渣微粉的最佳掺量为 30%。使用复配激发剂对矿渣微粉的活性进行激发，当复配组分含量为 1.5% CaO、1.5% NaOH 和 2.0% 石膏时，强度最为理想，此时试样的 3 d 和 28 d 抗折、抗压强度依次为 2.64 MPa，24.24 MPa，7.79 MPa，60.52 MPa，较空白试样相应提升了 36.1%、22.0%、20.4%、12.0%，并对其进行了机理分析。

### 4.8.1 试验原料与方法

#### 4.8.1.1 试验原料

本试验采用山东省山水水泥厂生产的 42.5R 普通硅酸盐水泥，其化学组成见表 4-18。

表 4-18　水泥的主要化学成分

| 化学成分 | $Na_2O$ | $SiO_2$ | $Al_2O_3$ | CaO | MgO | $SO_2$ | $Fe_2O_3$ | $K_2O$ | Loss |
|---|---|---|---|---|---|---|---|---|---|
| 质量分数 | 0.07% | 22.70% | 4.72% | 64.00% | 0.88% | 2.54% | 3.32% | 0.58% | 0.92% |

矿渣微粉含有较多玻璃态构造组分，具有一定的胶凝和微晶核作用。将其加入水泥制品中，可以降低产品成本。本试验所用矿渣微粉来自山东某钢铁厂的水淬高炉矿渣，其化学成分见表 4-19。

表 4-19　矿渣的化学成分

| 化学成分 | $Na_2O$ | $SiO_2$ | $Al_2O_3$ | CaO | MgO | $SO_3$ | $Fe_2O_3$ | $K_2O$ | $TiO_2$ | MnO | Loss |
|---|---|---|---|---|---|---|---|---|---|---|---|
| 质量分数 | 1.20% | 31.46% | 14.83% | 36.41% | 10.73% | 2.52% | 0.48% | 0.49% | 1.33% | 0.30% | 0.25% |

#### 4.8.1.2 试验方法

试验以水泥和矿渣微粉为胶凝材料，加入最大粒径为 2.36 mm 的砂石骨料，制备生态砌块。通过改变矿渣微粉的掺量，探究其对样品性能的影响，以确定最佳掺量；在此基础上，加入 CaO、$Na_2CO_3$、NaOH、脱硫石膏四种激发剂，分别探究其影响，将其复配得到矿渣复配激发剂的理想组分含量配比。

### 4.8.2 结果与讨论

#### 4.8.2.1 矿渣微粉最佳掺量的确定

矿渣微粉是由在高温熔炉中的矿渣经烘干、粉磨至适当细度形成的粉体，具有一定的胶凝和微晶核作用，将其加入水泥制品中，可以降低水泥的掺量。矿渣微粉掺加的多少直接影响生态砌块的力学性能。本试验研究并确定矿渣微粉在生态砌块中的最佳掺量，试验各原料配比及最终结果见表4-20。

表4-20　矿渣的最佳掺量及结果

| 试样 | 水泥 /g | 矿渣微粉 /g | 水 /g | 3 d 抗折强度 /MPa | 3 d 抗压强度 /MPa | 28 d 抗折强度 /MPa | 28 d 抗压强度 /MPa |
|---|---|---|---|---|---|---|---|
| 1 | 400 | 0 | 140 | 2.51 | 24.12 | 6.23 | 62.34 |
| 2 | 360 | 40 | 140 | 2.23 | 19.56 | 5.94 | 53.72 |
| 3 | 320 | 80 | 140 | 2.07 | 18.43 | 6.01 | 52.57 |
| 4 | 280 | 120 | 140 | 1.94 | 19.87 | 6.47 | 54.01 |
| 5 | 240 | 160 | 140 | 1.27 | 19.01 | 6.31 | 52.78 |
| 6 | 200 | 200 | 140 | 1.13 | 18.54 | 6.25 | 47.42 |

根据表4-20中的3 d和28 d抗折强度与抗压强度数据，分别做出了水泥基制品的3 d和28 d抗折强度及抗压强度随不同矿渣取代量的变化曲线，如图4-12和图4-13所示。

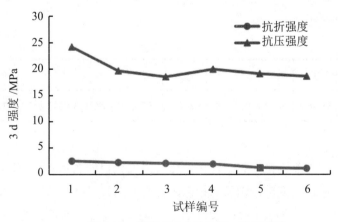

图4-12　试样在3 d的抗折、抗压强度

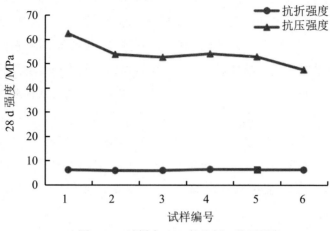

图 4-13 试样在 28 d 的抗折、抗压强度

从图 4-12 可以看出随着矿渣微粉掺量的增加，试样的 3 d 抗折、抗压强度均呈现出下降趋势。当矿渣掺量为 30% 时，试样的抗折强度下降趋势有所减缓，抗压强度有所提高，此时试样 3 d 的抗折、抗压强度分别为 1.94 MPa、19.87 MPa。由图 4-13 可以看出矿渣掺量未达到 30% 之前，试样的 28 d 抗折、抗压强度呈现降低的趋势；当矿渣掺量达到 30% 时，试样的抗折、抗压强度均呈现增加的趋势，此时抗折、抗压强度分别为 6.47 MPa 和 54.01 MPa；当矿渣掺量超过 30% 时，试样的 28 d 抗折、抗压强度又呈现降低的趋势。综合考虑试样的 3 d 和 28 d 抗折、抗压强度，确定矿渣微粉的最佳掺量为 30%，此时试样的 3 d 和 28 d 抗折、抗压强度分别为 1.94 MPa、19.87 MPa、6.47 MPa 和 54.01 MPa，较空白试样分别降低了 22.7%、17.6%、-3.8%、13.4%。

对比试样的 3 d 和 28 d 抗折、抗压强度可以看出，矿渣微粉的掺量对试样的早期强度影响较大，对后期强度的影响较小。造成这种现象的原因跟矿渣本身的特性有关，在胶凝材料的早期水化阶段，随着矿渣微粉的掺量不断增加，降低了试样中水泥熟料的含量，并且水泥熟料水化初期生成的 Ca(OH) 量少，不足以激发矿渣活性，因而试样随着矿渣掺量的增加呈现出强度值逐渐降低的趋势。而在胶凝材料的水化后期阶段，水泥熟料水化基本完成，生成了较多 $Ca(OH)_2$，水化后生成的 $Ca(OH)_2$ 能够激发矿渣的活性，矿渣发生水化，弥补了因矿渣的掺加而导致水泥熟料减少而引起的强度降低，提高了试样后期的强度。

#### 4.8.2.2 矿渣潜在胶凝活性激发的试验研究

矿渣除部分形成具有稳定结构的静态物质外，绝大部分形成具有潜在水硬活性的硅酸盐玻璃体，而位于矿渣表面的玻璃体保护膜会影响矿渣水化的速度和程度，因此矿渣活性激发的效果及难易程度与非晶态物质数量、内部构造和化学键的稳固性有关。将矿渣微粉掺加到水泥基复合材料中，通过对矿渣进行活性激发，既可以改善试样的短长期力学性能，又有利于资源综合利用和环境保护。

目前，矿渣微粉活性激发采取的方式主要为物理机械粉磨活性激发和化学激发剂活性激发两种。本试验采用化学激发剂来激发矿渣的活性，在确定矿渣取代量为30%、水灰比为0.39的前提下，通过单掺和复掺激发剂对矿渣进行活性激发。常用的矿渣激发剂有碱性激发剂、酸性激发剂、无机盐激发剂三类。本试验选取 CaO、$Na_2CO_3$、NaOH、脱硫石膏为激发剂，研究矿渣微粉活性激发，其试验配比及结果见表 4-21。

表 4-21 矿渣潜在胶凝活性激发的试验研究

| 试验编号 | 激发剂掺量占胶凝材料的总质量 /% | | | | 3 d 力学强度 /MPa | | 28 d 力学强度 /MPa | |
|---|---|---|---|---|---|---|---|---|
| | CaO | $Na_2CO_3$ | NaOH | 石膏 | 抗折 | 抗压 | 抗折 | 抗压 |
| 空白 | 0 | 0 | 0 | 0 | 1.94 | 19.87 | 6.47 | 54.01 |
| A1 | 1 | 0 | 0 | 0 | 2.19 | 20.91 | 6.51 | 54.72 |
| A2 | 2 | 0 | 0 | 0 | 2.58 | 22.46 | 6.63 | 56.89 |
| A3 | 3 | 0 | 0 | 0 | 2.60 | 22.52 | 6.57 | 56.93 |
| B1 | 0 | 0.5 | 0 | 0 | 1.87 | 18.16 | 6.21 | 50.78 |
| B2 | 0 | 1.0 | 0 | 0 | 1.65 | 17.54 | 5.98 | 49.85 |
| B3 | 0 | 1.5 | 0 | 0 | 1.57 | 17.01 | 5.73 | 48.67 |
| C1 | 0 | 0 | 1.0 | 0 | 1.89 | 19.94 | 7.96 | 56.21 |
| C2 | 0 | 0 | 1.5 | 0 | 1.93 | 20.01 | 8.23 | 58.79 |
| C3 | 0 | 0 | 2.0 | 0 | 1.87 | 19.92 | 8.17 | 58.43 |
| D1 | 0 | 0 | 0 | 2 | 2.04 | 21.33 | 6.84 | 56.13 |
| D2 | 0 | 0 | 0 | 4 | 2.11 | 21.79 | 7.03 | 56.49 |
| D3 | 0 | 0 | 0 | 6 | 2.07 | 21.42 | 6.97 | 54.76 |

从表 4-21 可以看出，A 组为掺加 CaO 的试验，随着 CaO 掺量的增加，试样的 3 d 和 28 d 抗折、抗压强度均呈现出增加的趋势。当 CaO 掺量达到 3% 时，试样的抗折、抗压强度最大，此时试样的 3 d 和 28 d 抗折、抗压强度分别为 2.60 MPa、22.52 MPa、6.57 MPa、56.93 MPa，较空白试样分别提高了 34%、13.3%、1.5%、5.4%，确定 CaO 的最佳掺量为 3%。B 组为掺加 $Na_2CO_3$ 的试验，随着 $Na_2CO_3$ 掺量的增加，试样的 3 d 和 28 d 抗折、抗压强度均呈现降低的趋势。说明 $Na_2CO_3$ 对矿渣微粉没有激发作用，反而影响试样强度。所以 $Na_2CO_3$ 不适合做矿渣微粉激发剂。C 组为掺加 NaOH 的试验，随着 NaOH 掺量的增加，试样的 3d 抗折、抗压强度相比空白试样呈现降低的趋势，当 NaOH 掺量为 1.5% 时，试样的强度损失最小。试样的 28 d 的抗折、抗压强度随 NaOH 掺量的增加呈现出先增加后降低的趋势，当 NaOH 掺量为 1.5% 时，试样的 28 d 抗折、抗压强度最大，此时试样的 28 d 抗折、抗压强度分别为 8.23 MPa、58.79 MPa，较空白试样分别提高了 27.2%、8.9%，确定 NaOH 的最佳掺量为 1.5%。D 组为掺加石膏的试样，随着石膏掺量的增加，试样的 3 d 和 28 d 抗折、抗压强度均呈现出先增加后降低的趋势，当石膏掺量为 4% 时，试样的 3 d 和 28 d 抗折、抗压强度最大，此时试样的 3 d 和 28 d 抗折抗压强度分别为 2.11 MPa、21.79 MPa、7.03 MPa、56.49 MPa，较空白试样分别提高了 8.8%、9.7%、8.7% 和 4.6%，确定石膏的最佳掺量为 4%。

综合分析表 4-21 中数据可以看出，将单掺激发剂试样的 3 d 强度按照其提升效用来排序，其提升效果从大到小依次为：CaO、NaOH、石膏、$Na_2CO_3$；而对于试样的 28 d 强度按照其提升效果排序，其增强效果从大到小依次为 NaOH、石膏、CaO、$Na_2CO_3$。基于以上分析可知，CaO 对矿渣微粉的 3 d 力学性能提升最为显著，对后期强度提升有限；经 NaOH 激发的试样后期力学强度最为理想，而其早期强度则相对较差。

### 4.8.2.3　复配激发剂的试验研究

综合评估试验所用四种激发剂对试样的 3 d 和 28 d 力学性能的增强效果，将 CaO、NaOH 和石膏三种激发剂进行复配，探究复配激发剂对矿渣潜在水硬活性的激发提升程度，探究自制矿渣复配激发剂的理想组分含量比例。设计试验及结果如表 4-22 所示。

由表 4-21 和表 4-22 可以看出，复掺激发剂对试样的 3 d 和 28 d 抗折、抗压强度都有所提升。当复配组分各含量为 1.50% CaO、1.50% NaOH 和 2.00% 石膏时，试样的 3 d 和 28 d 抗折、抗压强度最理想，此时试样的 3 d 和 28 d 抗折、抗压强度依次为 2.64 MPa、24.24 MPa、7.79 MPa、60.52 MPa，较空白试样对应提升 36.10%、22%、20.40%、12.00%。

表4-22　复掺激发剂激发矿渣活性的试验研究

| 激发剂 /% | | | 3 d 力学强度 /MPa | | 28 d 力学强度 /MPa | |
|---|---|---|---|---|---|---|
| CaO | NaOH | 石膏 | 抗折 | 抗压 | 抗折 | 抗压 |
| 1.00 | 0.50 | 2.00 | 2.01 | 21.12 | 6.51 | 55.02 |
| 1.00 | 1.00 | 3.00 | 2.23 | 22.34 | 6.98 | 57.11 |
| 1.00 | 1.50 | 4.00 | 2.48 | 23.13 | 7.38 | 59.43 |
| 1.50 | 0.50 | 3.00 | 2.07 | 21.96 | 6.53 | 55.27 |
| 1.50 | 1.00 | 4.00 | 2.33 | 22.58 | 6.78 | 56.19 |
| 1.50 | 1.50 | 2.00 | 2.64 | 24.24 | 7.79 | 60.52 |
| 2.00 | 0.50 | 4.00 | 2.12 | 21.33 | 6.74 | 57.23 |
| 2.00 | 1.00 | 2.00 | 2.40 | 22.72 | 6.64 | 56.52 |
| 2.00 | 1.50 | 3.00 | 2.57 | 24.17 | 7.23 | 58.65 |

分析 30% 矿渣取代量的空白试样的 3 d 和 28 d 的内部微观结构如图 4-14(a)(b)。养护 3 d 的试样内部结构疏松，水泥熟料矿物水化不充分，存在着一定量的水化产物，仍然有明显孔洞和裂纹，同时可以观察到有大量的无规则形态的矿渣粒子；养护 28 d 的试样水化较充分，内部相对较密实，但仍然存在一定的孔洞和微裂纹。掺加复配激发剂激发的试样的 3 d 和 28 d 的内部微观结构见图 4-14(c)、(d)。由图 4-14(c) 可以看出，养护 3 d 的试样内部形貌较致密，未发现明显裂纹和孔洞，反应进程比较充分，其中可见针状钙矾石、局部分布的片状 $Ca(OH)_2$ 晶体以及 C-S-H 凝胶，其中尤以片状 $Ca(OH)_2$ 晶体居多。由图 4-14(d) 可以看出，试样水化程度较 3 d 龄期更加充分，试样内部形貌非常致密，裂纹和孔洞等结构缺陷基本消失，黏结成片状的 C-S-H 凝胶将试样内部紧密黏结成一体。

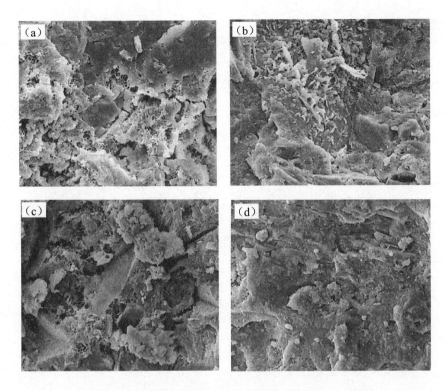

图 4-14　掺加矿渣微粉的保温材料内部微观结构 SEM 图片

（a）空白试样 3 d；（b）空白试样 28 d；（c）最佳试样 3 d；（d）最佳试样 28 d

CaO 的作用为与水反应产生 $Ca(OH)_2$，此反应放热促进了胶凝材料的水化，同时生成的 $Ca(OH)_2$ 可以解离出一定量的 $OH^-$，使矿渣解离出少量具有一定活性的硅铝氧化物，其与 $Ca(OH)_2$ 相互作用产生具有黏结性能的活性物质。NaOH 的作用在于其是强碱性物质，能够在试样中水解出大量的 $OH^-$，高浓度的 $OH^-$ 降低了分解活化能，促进矿渣解体，有利于稳定的水化产物网络结构的形成。在 CaO 和 NaOH 共同作用下，试样处于碱性环境，石膏在较高的碱性环境下，$SO_4^{2-}$ 总体含量大量增加，减缓了水化过程，同时胶凝材料的水化产物 $Ca(OH)_2$ 与石膏中的 $SO_4^{2-}$ 发生反应生成钙矾石，水化产物不断增加，从而提高了试样的强度。三者共同作用，在很大程度上提高了试样的力学性能。

## 4.8.3　结论

（1）随着矿渣微粉掺量的增加，试样的 3 d、28 d 抗折、抗压强度均呈现出下降趋势，综合考虑，确定矿渣微粉的最佳掺量为 30%，此时试样的 3 d 和 28 d

抗折、抗压强度分别为 1.94 MPa、19.87 MPa、6.47 MPa 和 54.01 MPa。

（2）在矿渣取代量为 30%、水灰比为 0.39 的前提下，以单掺激发剂法分别探究了 CaO、$Na_2CO_3$、NaOH、脱硫石膏四种激发剂对试样强度的影响。CaO 对矿渣微粉的 3 d 力学性能提升最为显著，对后期强度提升有限；经 NaOH 激发的试样后期力学强度最为理想，而其早期强度则相对较差。将其进行复配，当复配组分含量为 1.50% CaO、1.50% NaOH 和 2.00% 石膏时，强度最为理想，此时试样的 3 d 和 28 d 抗折抗压强度依次为 2.64 MPa、24.24 MPa、7.79 MPa、60.52 MPa，较空白试样对应提升 36.10%、22%、20.40%、12.00%。

# 第 5 章　黄河淤泥及固体废料生态砌块试验研究

## 5.1　试验研究方案

### 5.1.1　试验研究内容

　　试验研究旨在充分利用产量及存量巨大的、大自然的废料黄河淤泥，建筑垃圾及工业固废，避免产生二次污染和能源浪费，分析黄河淤泥、建筑垃圾、工业固废的自身特性，研制适宜原料性质的固化剂，探索合理材料配合比，进行静压成型试验，研究分析固化剂化学和静压物理两者协同作用下黄河淤泥免烧生态砌块性能及强度形成机理，形成材料、工艺和设备三位一体生态砌块生产技术，探索一条科学、合理处理黄河淤泥、建筑垃圾、工业固废的途径，生产新型免烧生态砌块。研究制备免烧生态砌块，不仅可以大量消耗黄河淤泥，而且可以缓解我国目前建筑材料紧缺的问题。生态砌块的典型特征是静压成型，粉料利用率高，无噪声、无污染，且成本较低，产品自然养护即可。产品可以广泛应用于黄河河道护坡、市政工程、道路工程、水利工程以及建筑工程等。因此，利用黄河淤泥、建筑垃圾、工业固废研制节能、环保、绿色新型建筑材料，既解决了黄河淤泥建筑垃圾、工业固废的处理问题，又解决了部分建筑原材料短缺问题，经济效益显著，社会效益、生态效益巨大。

#### 5.1.1.1　郑州地区黄河下游典型黄河淤泥物理特性参数研究

　　试验研究初期先采集郑州市以及河南省具有代表性的黄河淤泥原料试样作为研究对象，如在郑州南裹头广场东、郑州荥阳牛口峪、郑州花园口河槽及滩涂地带等区域采样，每区段选取 20 采样点，每个采样点取样 10 个，采样深度 10～60 cm，检测黄河淤泥矿物组成、胶凝活性、比表面积、干容重、含水率、pH 值、化学组成及矿物成分等基本物理化学性能，综合分析黄河淤泥理化特性，分析颗粒受水的长时间浸泡侵蚀、颗粒撞击和水流冲刷作用下性能变化，利用试验设备分析黄河淤泥颗粒微观结构，揭示各特征参数间的内在相互关系。研究典型样品的分形特性，研究典型样品的颗粒级配及不同细度模数下的颗粒级配特征。同样，研究分析混凝土结构类建筑垃圾、砌体结构建筑垃圾、煤矸石等工业固废材料性能。

### 5.1.1.2　固化剂研发

本节研究黄河淤泥、建筑垃圾、工业固废等典型样品在不同条件下的激发特性。研究黄河泥沙样品在碱性环境下，特别是其在饱和氢氧化钙溶液中不同时间和不同温度下的离子溶出特性；研究分析不同激发剂对不同区域黄河泥沙等样品活性成分的激发效果，通过提高黄河淤泥等材料本身的活性来改善黄河淤泥的固结性能。固化剂与黄河淤泥等原材料表面结合，既不破坏黄河淤泥等原材料的固有结构，又形成了具有一定强度和抗水能力的复合材料。黄河淤泥等原材料本身参与反应，实现固化剂对黄河淤泥等原材料的胶结，颗粒中的胶体会牢固地吸附在原材料的表面上，把黄河淤泥等原材料颗粒黏结成坚固稳定的微团粒，固化剂胶体与黄河淤泥等原材料的微团粒进一步胶凝，这样不但减少固化剂的用量，而且增加了黄河淤泥等原材料本身的活性，使得黄河淤泥等原材料的利用效率大大提高。通过试验研究添加建筑垃圾及工业固废粉料，在固化剂作用下对黄河泥沙的固结特性、力学性能的提高，研究不同固化剂对黄河泥沙等原材料固化产物的微观形貌。研制适合不同黄河淤泥等原材料的固化剂，并利用固化剂、黄河淤泥及水泥采用不同配合比，进行静加成型试验，并对固化砌块进行射线衍射试验，研究固化砌块各组成成分在其硬化强度形成过程中的微观变化规律。在分析固化剂、黄河淤泥等原材料和水泥体系反应基本原理的基础上，并结合微观试验测试，研究分析黄河淤泥等原材料和固化剂之间的相互作用，并构建固化化学和静压物理两者协同作用下黄河淤泥等原材料生态砌块性能分析模型，揭示黄河淤泥等原材料固化静压协同作用生态砌块强度形成机理。研发新型复合固化剂，实现黄河淤泥等原材料原位激活固化，通过大量试验数据形成不同原料生态砌块最优配合比数据库。

（1）研制与不同黄河淤泥等原材料相适宜的不同组分的固化剂，固化剂能够通过物理化学反应对黄河淤泥等原材料进行原位固化。

（2）试验研究不同固化剂与不同黄河淤泥等原材料的融合效果。通过试验研究不同固化剂种类以及配合比与试件强度等物理力学性能的变化规律，同时借助 XRD（X-Ray Diffraction）、SEM（Scanning Electron Microscope）等对其微观形貌和结构进行分析，研究两者之间相互反应的机理，达到提高黄河淤泥砌块强度、整体性和稳定性，从而改善黄河淤泥砌块的工程性质的目的。

（3）结合黄河淤泥等原材料典型样品的化学成分、在不同条件下的激发特性及生态砌块在不同配比样品的微观形貌、胶凝产物在不同测试环境下的变化特征，揭示黄河淤泥等原材料的胶凝固化机理。

### 5.1.1.3　黄河淤泥、建筑垃圾、工业固废等固化静压协同生态砌块试验研究

通过试验研究固化剂、水泥、压强、黄河淤泥等因素对静压成型生态砌块强度的影响，优化得到经济合理的配合比。建立固化化学和静压物理两者协同作用下黄河淤泥等原材料生态砌块性能分析模型，揭示黄河淤泥等原材料固化静压协同作用下生态砌块强度形成机理。通过试块抗压强度试验数据，研究分析固化化学和静压物理两者协同作用下黄河淤泥、建筑垃圾、工业固废等生态砌块性能，优化砌块静压成型生产工艺参数，实现材料配合比、生产设备、生产工艺与产品特性最佳匹配，探索出质优价廉的产品生产工艺技术。研究不同含水量条件下成型样品干容重的变化特性以及不同干容重配比设计下成型样品的强度发展特征，开展静压成型试验研究。试验研究制备不同种类黄河淤泥等原材料的大型生态砌块的工艺参数，研究自动配料、上料、加压、测试和数据分析一体化自动静压成型生态砌块生产线，形成材料、工艺和设备三位一体生态砌块生产系统，探索一条科学、合理处理黄河淤泥、建筑垃圾、工业固废等固体废料的新途径。试验研究黄河淤泥、建筑垃圾、工业固废等固体废料生态砌块力学性能以及工程结构性能，为黄河淤泥、建筑垃圾、工业固废等生态砌块的河岸护坡等工程应用做好技术支持。

## 5.1.2　试验研究技术路线

正交试验可以大大减少试验工作量，因而正交试验设计在很多领域的研究中已经得到广泛应用。但是，全面试验的最大优点是所获得的信息量很多，可以准确地估计各试验因素的主效应的大小，还可估计因素之间各级交互作用效应的大小，为了形成各种原材料的最优配合比数据库，本项技术研究针对各影响因素、不同配比采用全面试验，试验总技术路线（图 5-1）如下所述。

（1）研究分析各种黄河淤泥等原材料的理化性质，揭示各特征参数间的内在关系。

（2）研发适合各种黄河淤泥混合料的固化剂。研发激活效果好的固化剂并

分析两者之间相互反应机理。

（3）固化剂化学和静压物理两者协同固化机理研究，固化静压协同生态砌块性能试验研究。

（4）成型设备研发，包括在线分析系统和自动反馈配料控制系统。

（5）通过大量试验研究，形成各种原材料的最优配合比数据库。

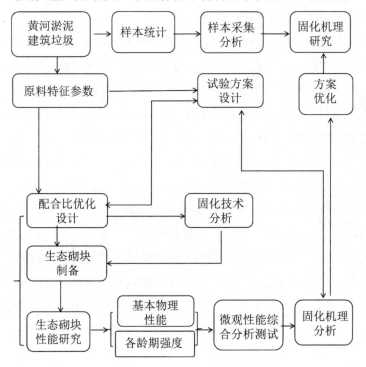

图 5-1　试验研究总技术路线图

# 5.2　试验研究分析

## 5.2.1　黄河淤泥等原材料的物理特性

### 5.2.1.1　黄河淤泥

（1）黄河淤泥取样。

试验研究所用黄河淤泥采自郑州南裹头、郑州荥阳牛口峪、郑州花园口河槽及滩涂地带、濮阳范县等，黄河淤泥现场取样如图 5-2 所示。

（2）黄河淤泥粒度等分析。

在郑州南裹头、郑州荥阳牛口峪、郑州花园口河槽及滩涂地带取得黄河淤泥样品，0.075～2.000 mm 的标准检验套筛对其颗粒粒径分布进行分析，结果如表5-1 所示。

图 5-2　黄河淤泥现场取样

表 5-1　黄河淤泥取样颗粒级配分析表

| 取样地点 | 累计筛余量 /% | | | | | | 细度模数 |
|---|---|---|---|---|---|---|---|
| | ≤ 0.075 | 0.075 | 0.25 | 0.5 | 1 | 2 | |
| 郑州南裹头 | 100 | 67.897 | 1.570 | 0.925 | 0.139 | 0.036 | 0.704 |
| 郑州花园口 | 100 | 76.544 | 12.720 | 8.897 | 2.329 | 1.103 | 0.971 |
| 荥阳牛口峪 | 100 | 84.819 | 51.561 | 20.694 | 7.262 | 2.367 | 1.586 |

根据《普通混凝土用砂、石质量及检测方法标准》（JGJ 52－2019）中方法，对三种泥沙的表观密度及含泥量进行测试，试验结果如表 5-2 所示。表观密度为样

品烘干后的测量值。

表 5-2　黄河淤泥表观密度和含泥量

| 取样地点 | 表观密度 /（g·cm$^{-3}$） | 含泥量 |
|---|---|---|
| 郑州南裹头 | 1.15 | 2.33% |
| 郑州花园口 | 1.13 | 5.62% |
| 荥阳牛口峪 | 1.21 | 1.58% |

（3）黄河淤泥化学成分分析。

黄河淤泥含水率为 10%～45%，采用日本岛津 EDX-720 型 X 射线黄光光谱仪对三种黄河淤泥进行化学成分分析（XRF）。分析结果如表 5-3 所示。

表 5-3　黄河淤泥化学组成（质量分数）　　　　　　　单位：%

| 取样地点 | $SiO_2$ | $Al_2O_3$ | $Al_2O_3$ | $K_2O$ | $Fe_2O_3$ | $Na_2O$ | $MgO$ | $TiO_2$ | $P_2O_5$ | LOI |
|---|---|---|---|---|---|---|---|---|---|---|
| 郑州南裹头 | 72.73 | 10.79 | 3.93 | 3.33 | 4.31 | 1.65 | 1.88 | 0.83 | 0.17 | 0.38 |
| 郑州花园口 | 74.73 | 9.59 | 5.53 | 4.69 | 2.21 | 1.91 | 0.71 | 0.33 | 0.10 | 0.20 |
| 荥阳牛口峪 | 75.24 | 10.86 | 3.65 | 2.98 | 2.46 | 1.51 | 0.85 | 0.36 | 0.12 | 0.32 |

由表 5-3 可以看出，三种黄河淤泥的主要化学成分均为 $SiO_2$、$Al_2O_3$、$CaO$ 和 $K_2O$，这四种氧化物的含量约占 87%～90%；黄河泥沙的化学组成非常丰富，除含有上述四种氧化物外，还含有少量的 $Fe_2O_3$、$Na_2O$、$MgO$、$TiO_2$、$P_2O_5$ 等。

（4）黄河淤泥的矿物组成。

XRD：采用布鲁克（D8 ADVANCE）X 射线衍射光谱仪对三种黄河淤泥进行 XRD 测试，以判断其矿物组成，扫描范围为 5°～80°（2$\theta$），扫描速率为 2°/min，步长 0.02°。主要矿物成分是石英、钠长石、钙长石和微斜长石。郑州南裹头黄河淤泥的细度模数要小于郑州花园口的黄河淤泥，但其火山灰活性远远高于郑州花园口的黄河淤泥。

将 XRD 图谱的衍射峰与 PDF 标准卡片进行对比分析得到，郑州南裹头黄河淤泥的主要矿物成分是石英、钠长石、钙长石和微斜长石；郑州花园口黄河淤泥的主要矿物成分是石英、钠长石、碳酸钙、微斜长石、硼酸钾、氯化钙铁、斜硼钙石和钠水锰矿。

（5）黄河淤泥的火山灰活性分析。

火山灰质材料活性率 $K_a$ 为在饱和石灰水中反应的 $SiO_2$ 和 $Al_2O_3$ 的总量占该材料全部的 $SiO_2$ 和 $Al_2O_3$ 总量的百分比。黄河淤泥的火山灰活性分析采用郑乐的分析方法。将 3 种黄河淤泥试样置于 110℃ 下恒温 1 h 后，称取 0.8 g，将其放入插有回流冷凝管的 500 mL 三口瓶中，之后注入 350 mL 饱和石灰水溶液，保证黄河淤泥中的活性成分完全反应。沸煮 2.5 h 后，加入 10 mL 浓盐酸。用蒸馏水洗净回流冷凝管内壁，再继续沸煮 15 min。将溶液冷却后，抽滤，再用蒸馏水定容到 500 mL 量瓶中。用 25 mL 移液管一次性分取 25 mL 溶液至 250 mL 容量瓶中，再一次用蒸馏水定容，摇匀，得到待测液。采用等离子体原子发射光谱仪（ICP）对待测液中 Si 元素和 Al 元素含量进行分析，计算 3 种黄河淤泥的火山灰材料活性率 $K_a$ 如表 5-4 所示。由表 5-4 可以看出，郑州南裹头段的黄河淤泥火山灰活性要优于郑州花园口段的黄河淤泥。

表 5-4 3 种黄河淤泥的火山灰材料活性率

| 火山灰材料活性率 | 郑州南裹头 | 郑州花园口 | 荥阳牛口峪 |
|---|---|---|---|
| $K_a$ | 12.89% | 7.38% | 13.92% |

### 5.2.1.2 水泥

水泥为外购新乡某水泥公司生产的 PO 42.5 普通硅酸盐水泥，化学成分和性能指标见表 5-5 和表 5-6。

表 5-5 水泥的化学成分

| 化学成分 | $SiO_2$ | $Al_2O_3$ | $Fe_2O_3$ | CaO | MgO | Loss |
|---|---|---|---|---|---|---|
| 质量分数 | 27.33% | 6.57% | 2.38% | 53.19% | 3.12% | 3.34% |

表 5-6 水泥性能指标

| 抗压强度 /MPa | | 抗折强度 /MPa | |
|---|---|---|---|
| 3 d | 28 d | 3 d | 28 d |
| 15.3 | 45.7 | 3.5 | 7.3 |

### 5.2.1.3 煤矸石

煤矸石采自新密，如图 5-3 所示。根据试验方案，煤矸石采用带 3 mm 或 5 mm 筛孔的破碎机进行破碎后直接作为生态砌块的制作原料。本技术制作生态砌块特征就是采用工业固废粉料，考虑自然状态中粉料会有一定量的大粒径颗粒，这样与生产实际比较接近。对破碎后的煤矸石粉进行颗粒级配分析和表观密度分析如表 5-7 和表 5-8。

表 5-7　新密煤矸石颗粒级配分析表

| 取样地点 | 累计筛余量 /% | | | | | |
|---|---|---|---|---|---|---|
| | ≤ 0.075 | 0.075 | 0.25 | 0.5 | 1 | 2 |
| 新密 | 5.388 | 20.742 | 7.105 | 12.750 | 8.574 | 45.440 |

表 5-8　新密煤矸石表观密度和含泥量

| 取样地点 | 表观密度 | 含泥量 |
|---|---|---|
| 新密 | 1.25 g/cm$^3$ | 0.31% |

图 5-3　新密煤矸石

#### 5.2.1.4　其他材料

试验用生石灰外购，有效成分 ≥ 70%。水为一般工业生活用自来水。自主研发固化剂。麻纤维为市场购普通黄麻纤维，纤长 8 mm，长径比 70。水玻璃与模数的质量比为 1.8 的钠水玻璃。其他固化剂为市场采购工业用品，配比考虑固化剂纯度。

### 5.2.2　试件制作

试件制作使用土木工程结构试验室 BJYS-200 型静压砌块成型试验机，如图 5-4 所示。试验机带有标准砖、空心砖、小型空心砌块三套模具，为了方便试验研究，试件制作采用标准砖模具，试件尺寸可控制在 240 mm × 115 mm ×

53 mm 左右。试件块数以及试验方法按《混凝土砌块和砖试验方法》（GB/T 4111—2013）要求进行。当砖试块养护达到一定强度以后，可以切割成 2 块 120 mm × 115 mm × 53 mm 的试块，一块用于做强度检验，另一块用于做冻融、耐磨试验或者微观分析。为真实反映静压成型砌块的力学性能，用作性能检验的试块在制作时成型工艺须与生产线保持一致，如图 5-5 所示，主要包括设计配料、计量、混合料拌制、试块静压成型、试块养护等。

图 5-4　BJYS-200 型静压砌块成型试验机

### 5.2.3　试验过程

砌块力学性能试验在土木工程结构试验室 3 000 kN 的 YAW4306 型微机控制电液伺服压力试验机上完成，荷载及其位移等数据由试验机自动采集，试验装置如图 5-6 所示。如果检验大型砌块整体力学性能，可以在结构试验室 JAW-K10000J 型电液伺服双通道加载结构试验系统上完成，本系统有一台 10 000 kN 垂向加载系统，可以施加垂向压力 10 000 kN、拉力 3 000 kN，一台 2 000 kN 水平向加载系统，可以施加双向 2 000 kN 拉压力，加载装置如图 5-7 所示。

图 5-5　试块制作关键程序图

图 5-6　YAW4306 型微机控制电液伺服
压力试验机

图 5-7　JAW-K10000J 型电液伺服
双通道加载结构试验系统

试块力学性能试验，以静压成型试块能承受的极限强度作为衡量标准，系统地研究固化剂、水泥与黄河淤泥等配合比、静压大小以及含水率等因素对抗压强度的影响。根据研究目标，做出不同配合比生态砌块，进行掺合料的优选、配合比设计及工艺参数优化的试验研究，按照相关检验标准，对试块抗压强度、抗折强度、冻融性能等进行测试，分析试块的力学性能、耐久性、抗冻融性等。对固化砌块进行射线衍射试验、荧光光谱分析、扫描电子显微镜等微观观测技术，分析固化剂固化砌块的微结构特点及微结构形成过程和构成形态，研究固化剂固化、物理静压在砌块硬化胶凝过程中的作用机理，研究分析黄河淤泥生态砌块力学性能。试块抗压强度试验曲线如图 5-8 所示，试块力学性能良好，最大抗压强度可以达到 30 MPa 以上。

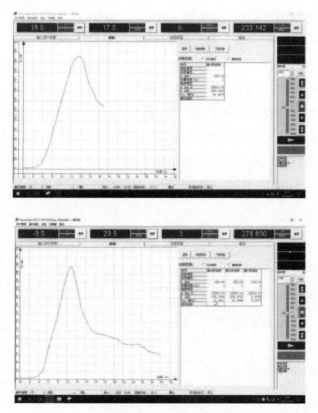

图 5-8　试块抗压强度数据分析

## 5.2.4　试验结果分析

根据早期试验研究成果以及国内外参考文献分析可知，影响免烧生态砌块性能的主要因素包括原料种类、掺加料种类、胶凝材料种类、固化剂种类等以及其配和比，另外还包括水含量、施加压力以及操作工艺等。固化剂主要从碱类、硅酸盐类、弱酸盐、化工含碱废料四类进行选取，再适当加入一定减水剂等。后面根据这些影响因素进行试验方案设计，并对试验结果进行分析。

（1）水泥掺量对黄河淤泥生态砌块抗压强度的影响。

黄河淤泥生态砌块的性能研究中，胶凝材料仍然优选水泥作为最主要的固化胶凝材料。为了寻找工程应用中的最佳配比以及强度变化规律，材料的配比选取试验范围较宽。考虑到工程应用中砌块养护采用塑料膜缠裹后常温下自然养护，所以试验中试块养护也采用塑料膜包好后常温自然养护，为了研究自然状况下气温变化对试块性能的影响，每个型号的试块选取 2～5 块塑料膜包好后放在干燥箱内 40℃条件下养护。本节试验水泥掺量取为 6%、8%、10%、12%、15%、20%、25%、30% 共 8 种。图 5-9 为水泥不同掺量下黄河淤泥试件抗压强度测试结果分析。由图可知，随着水泥掺量的增加黄河淤泥试件抗压强度呈增加趋势。水泥用量 12%～25% 范围内，曲线斜率较大，说明强度增长率较大。当水泥掺量为 30% 时，平均强度达到最大值，是水泥掺量为 10% 时强度的 2.84 倍，当水泥掺量为 25% 时，平均强度是水泥掺量为 10% 时强度的 2.43 倍。水泥的主要成分中 $3CaO \cdot SiO_2$、$2CaO \cdot SiO_2$、$3CaO \cdot Al_3O_2$ 与水发生一系列的水化反应，生成 CSH、CAH 等水化产物，利用其胶凝性质与淤泥颗粒进一步反应，形成网状结构的淤泥骨架，同时凝结硬化后的水化产物将填充网状结构的孔隙，使得淤泥孔隙率降低、密度变大及强度增加。

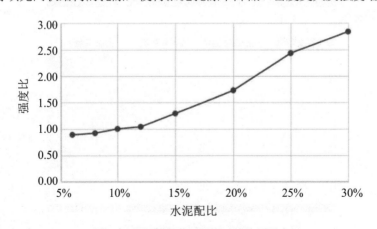

图 5-9　水泥掺量黄河淤泥试块抗压强度

（2）$Ca(OH)_2$ 掺量对黄河淤泥生态砌块抗压强度的影响。

$Ca(OH)_2$ 本身是一种气硬性胶凝材料，制作黄河淤泥生态砌块时掺加一定比例的 $Ca(OH)_2$ 可以提高砌块的强度。另外，对于江河湖底的淤泥来说，富含一定的有机质，加入一定比例的 $Ca(OH)_2$ 对于消除有机物是比较有利的。但是，在黄河淤泥生态砌块中加入 $Ca(OH)_2$，尤其以生石灰的形式掺加时，会因为生石灰遇水膨胀而影响砌块的性能。所以 $Ca(OH)_2$ 加入时要考虑比例、熟化度、粒度等影响因素。为了研究 $Ca(OH)_2$ 掺量对黄河淤泥生态砌块抗压强度的影响，分析黄河淤泥的固结胶凝性，采用郑州南裹头黄河淤泥，掺加 425 号水泥 10%，最终混合料水分按17%，砌块成型压力为 20MPa，$Ca(OH)_2$ 掺量为 0%、2%、5%、8%、10%。

图 5-10 是 $Ca(OH)_2$ 掺量对黄河淤泥生态砌块抗压强度的影响。从图 5-10 可见，加入 $Ca(OH)_2$ 在一定范围内可以提高黄河淤泥生态砌块的抗压强度。当掺加 2% $Ca(OH)_2$ 时，相对于未掺加时强度可以提高 20%，效果明显；掺加 5%$Ca(OH)_2$ 时，相对于未掺加时强度可以提高 7%，效果已经下降；当掺加 8% 时，强度不升高，反而比未掺加时降低了 76%，所以，针对不同原料制作生态砌块，$Ca(OH)_2$ 掺量存在一个最优范围。掺加过量的 $Ca(OH)_2$ 会导致试块表面 $Ca(OH)_2$ 吸收空气中 $CO_2$ 生成 $CaCO_3$，引起体积膨胀而产生的裂缝导致强度降低。因此，黄河淤泥生态砌块中 $Ca(OH)_2$ 掺量不能过量，过量的 $Ca(OH)_2$ 将在一定程度上对黄河淤泥生态砌块强度产生劣化影响。

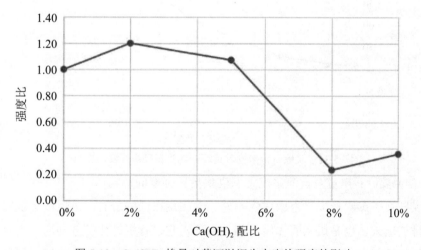

图 5-10　$Ca(OH)_2$ 掺量对黄河淤泥生态砌块强度的影响

（3）脱硫石膏掺量对黄河淤泥生态砌块抗压强度的影响。

脱硫石膏（Desulfuration Gypsum）又称排烟脱硫石膏、硫石膏或 FGD 石膏，主要成分和天然石膏一样，为二水硫酸钙（$CaSO_4 \cdot 2H_2O$），含量 ≥ 93%。脱硫石膏是 FGD 过程的副产品，FGD 过程是一项采用石灰－石灰石回收燃煤或油的烟气中的二氧化硫的技术。脱硫石膏资源化再利用的意义非常重大，它不仅有力地促进了国家环保循环经济的进一步发展，而且还大大降低了矿石膏的开采量，保护了资源。目前脱硫石膏作为一种工业固废，价格很低，甚至不需要花钱购买，所以，考虑将脱硫石膏作为生态砌块的添加料进行试验研究。

图 5-11 显示了脱硫石膏掺量对黄河淤泥生态砌块抗压强度的影响。从图 5-11 可见，随着脱硫石膏掺量的增加，黄河淤泥生态砌块抗压强度持续增加，掺量从 5% 提高到 15%，曲线斜率较大，说明依靠提高脱硫石膏配比来提高试样强度效果显著，超过 15% 以后，效果有所降低。从砖试样抗压试验的过程发现，掺加脱硫石膏，可以提高试样延性，试样变形很大但不碎。掺加脱硫石膏，既可以提高砌块强度，又可以提高砌块延性，是配制高性能砌块的好材料。通过掺加一定量的脱硫石膏，可以提高黄河淤泥生态砌块的强度和延性，也可以节省一定量的水泥等胶凝材料，降低成本，同时，又可以大量消耗脱硫石膏这种工业固废，保护环境，所以，脱硫石膏是黄河淤泥生态砌块一种理想的添加原料。

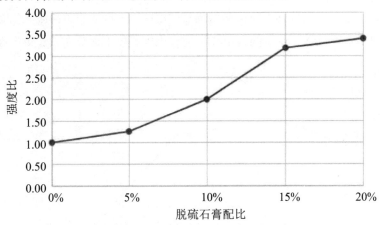

图 5-11　脱硫石膏掺量对黄河淤泥生态砌块强度的影响

（4）煤矸石掺量对黄河淤泥生态砌块抗压强度的影响。

煤矸石是煤炭形成过程中成煤不好、含碳量很低的岩石，采煤或选煤过程中把它排放出来，也是煤系固体废弃物，如何对它进行资源化综合利用，也是目前研究的重要课题。根据对煤矸石的成分分析以及相关文献的研究可知，煤矸石也具有一定的火山灰活性，破碎粒度越细，活性会越大。在掺加煤矸石制作生态砌块时，要考虑加工成本和煤矸石的利用率，所以，试验时将煤矸石含粉料采用筛孔 3 mm 的破碎机和 5 mm 的破碎机分别进行破碎后，按不同的配比直接添加到黄河淤泥里制作生态砌块样品进行抗压强度试验研究。

图 5-12 给出了 3 mm 筛破碎后煤矸石不同掺量对黄河淤泥生态砌块抗压强度的

影响。从图 5-12 可见，掺加 3 mm 筛煤矸石后，砌块强度有不同程度的提高。掺量为 50% 时，抗压强度提高了 38%；掺量为 10% 时，抗压强度提高了 24%，煤矸石掺量为 20%～40% 时，试块强度提高反而低于掺量 10% 时。试验结果表明，添加一定量煤矸石粉料，可以提高生态砌块混合料的活性，但煤矸石自身强度有限，如果从提高混合料活性角度出发，掺入 10% 左右煤矸石较好，如果从煤矸石资源化利用角度，大量消耗煤矸石，可以添加到 50% 左右。

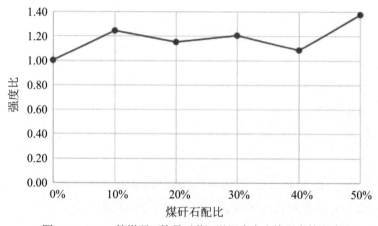

图 5-12　3 mm 筛煤矸石掺量对黄河淤泥生态砌块强度的影响

（5）NaOH 掺量对黄河淤泥生态砌块抗压强度的影响。

图 5-13 给出了不同 NaOH 掺量对黄河淤泥生态砌块抗压强度的影响。从图 5-13 可见，掺加 0.2% NaOH 时，试样抗压强度比不掺加的提高了 30%，掺加量继续增加，强度提高比例反而下降了。试验结果表明，可以将 NaOH 用作黄河淤泥生态砌块的固化剂，加入量约 0.2% 时，效果较好。

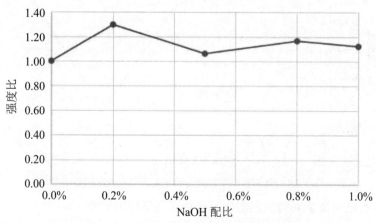

图 5-13　NaOH 掺量对黄河淤泥生态砌块强度的影响

（6）Na$_2$CO$_3$ 掺量对黄河淤泥生态砌块抗压强度的影响。

图 5-14 给出了不同 Na$_2$CO$_3$ 掺量对黄河淤泥生态砌块抗压强度的影响。由图 5-14 可见，随着 Na$_2$CO$_3$ 添加量的增加，试样强度呈下降趋势，幅度越来越大，说明 Na$_2$CO$_3$ 不适合单独作为黄河淤泥生态砌块的固化剂。

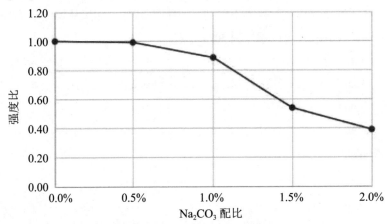

图 5-14　Na$_2$CO$_3$ 掺量对黄河淤泥生态砌块强度的影响

（7）Na$_2$SO$_4$ 掺量对黄河淤泥生态砌块抗压强度的影响。

图 5-15 给出了不同 Na$_2$SO$_4$ 掺量对黄河淤泥生态砌块抗压强度的影响。从图 5-15 可见，掺加 Na$_2$SO 以后，仅掺加量 2% 时，强度提高了 3%，其他试样强度基本上没有提高；掺加量为 1.5% 时，试样强度下降了 83%，说明 Na$_2$SO$_4$ 不适合单独作为黄河淤泥生态砌块的固化剂。

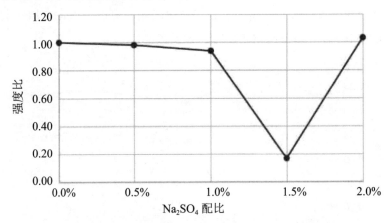

图 5-15　Na$_2$SO$_4$ 掺量对黄河淤泥生态砌块强度的影响

（8）水玻璃掺量对黄河淤泥生态砌块抗压强度的影响。

图 5-16 给出了不同水玻璃掺量对黄河淤泥生态砌块抗压强度的影响。从图 5-16

可见，随着水玻璃掺加量的增加，试样强度呈现出提高的趋势，但掺量低于 1.5% 时，强度却低于不添加时的强度；掺量为 2.0% 时，试样强度比不添加时的强度提高了 5%。当制作生态砌块的原料缺少硅源时，掺加水玻璃是有效的，另外在试验过程中发现，对于掺加了水玻璃的试样，适当提高养护温度对提高强度是有利的。

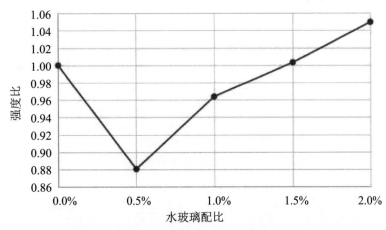

图 5-16　水玻璃掺量对黄河淤泥生态砌块强度的影响

（9）氯化镁掺量对黄河淤泥生态砌块抗压强度的影响。

图 5-17 给出了不同氯化镁掺量对黄河淤泥生态砌块抗压强度的影响。由图 5-17 可见，随着氯化镁掺量的增加，试样强度呈现出下降的趋势，掺加氯化镁后试块抗压强度比未掺的都有不同程度的下降，基本上，掺加比例越大，强度下降越多。试验结果表明氯化镁不宜单独用作黄河淤泥生态砌块的固化剂。

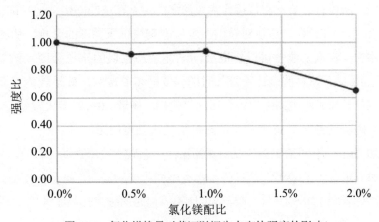

图 5-17　氯化镁掺量对黄河淤泥生态砌块强度的影响

（10）氯化钙掺量对黄河淤泥生态砌块抗压强度的影响。

图 5-18 给出了不同氯化钙掺量对黄河淤泥生态砌块抗压强度的影响。从图 5-18 可见，添加一定量氯化钙可以提高黄河淤泥生态砌块的抗压强度，掺量为 0.5% 时，试样强度比不添加时的强度提高了 45%，效果显著。说明氯化钙是制作黄河淤泥生态砌块较合适的固化剂，掺量 0.5% 时效果较好。

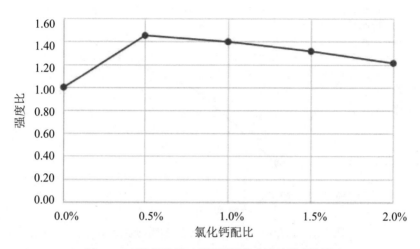

图 5-18　氯化钙掺量对黄河淤泥生态砌块强度的影响

（11）工业盐掺量对黄河淤泥生态砌块抗压强度的影响。

工业盐是化学工业的最基本原料之一，主要成分有氯化钠、亚硝酸钠等，被称为"化学工业之母"。基本化学工业主要产品中的盐酸、纯碱、氯化铵、氯气等是以工业盐为原料生产的。因为工业盐主要成分是氯化钠、亚硝酸钠等的混合物，价格又比较低，所以有必要把它直接作为黄河淤泥生态砌块的固化剂进行试验研究。图 5-19 给出了不同工业盐掺量对黄河淤泥生态砌块抗压强度的影响。从图 5-19 可以看出，添加一定量工业盐可以提高黄河淤泥生态砌块的抗压强度，效果明显，当掺量为 1.0% 时，试样强度比不添加时的强度提高了 69%，效果较为显著。说明工业盐是制作黄河淤泥生态砌块较合适的固化剂，掺量 1.0% 时效果较好。

（12）硝酸钙掺量对黄河淤泥生态砌块抗压强度的影响。

图 5-20 给出了不同硝酸钙掺量对黄河淤泥生态砌块抗压强度的影响。从图 5-20 可知，掺加一定量的硝酸钙，试样强度都有不同程度的提高，抗压强度提高的峰值出现在硝酸钙掺量为 0.5% 时，试样强度比不添加时的强度提高了 43%。说明硝酸钙也可以作为黄河淤泥生态砌块的固化剂，掺量应控制在 0.5% 左右。

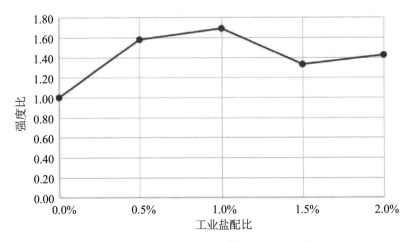

图 5-19 工业盐掺量对黄河淤泥生态砌块强度的影响

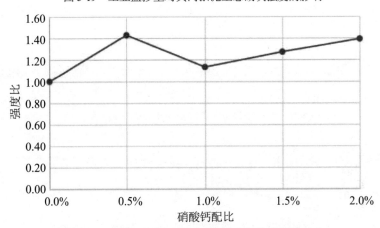

图 5-20 硝酸钙掺量对黄河淤泥生态砌块强度的影响

（13）聚羧酸掺量对黄河淤泥生态砌块抗压强度的影响。

图 5-21 给出了不同聚羧酸掺量对黄河淤泥生态砌块抗压强度的影响。从图 5-21 可见，聚羧酸掺量为 1% 时，试样强度比不添加时的强度提高了 8%。当掺加量继续增加后，试块强度反而降低了。聚羧酸是目前水泥制品行业常用的一种高效减水剂，以水泥为胶凝材料的黄河淤泥生态砌块制作时加入一定量的聚羧酸，可以减少混合料水分，进而提高试块强度，但是在静压成型工艺的黄河淤泥生态砌块，由于成型的需要，需要一定水分，加入过量减水剂，对试块强度提高就不明显了。

（14）Ca(OH)$_2$、NaOH 复掺对黄河淤泥生态砌块抗压强度的影响。

图 5-22 给出了不同 Ca(OH)$_2$、NaOH 复掺配比对黄河淤泥生态砌块抗压强度的影响。从图 5-22 可以看出，随着 Ca(OH)$_2$、NaOH 掺量的提高，砌块的抗压强度

在提高，掺量 4%（Ca(OH)$_2$+0.4NaOH）时，砌块抗压强度比不掺加时提高 55%，掺量 2%（Ca(OH)$_2$+0.4NaOH）时，砌块抗压强度比不掺加时提高 48%，掺量超过 2% 以后，强度提高缓慢，2% 是 Ca(OH)$_2$+0.4NaOH）作为固化剂较为合适的配比。

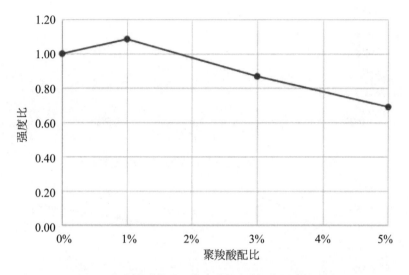

图 5-21　聚羧酸掺量对黄河淤泥生态砌块强度的影响

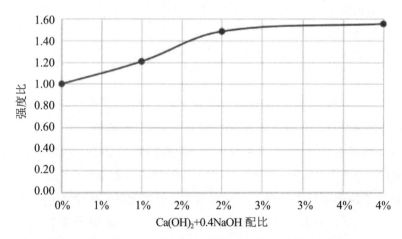

图 5-22　Ca(OH)$_2$、NaOH 复掺对黄河淤泥生态砌块强度的影响

（15）NaOH+Na$_2$CO$_3$ 复掺对黄河淤泥生态砌块抗压强度的影响。

图 5-23 给出了不同 NaOH、Na$_2$CO$_3$ 掺量对黄河淤泥生态砌块抗压强度的影响。从图 5-23 可知，掺加 0.4%（NaOH+0.5Na$_2$CO$_3$）时，试样抗压强度提高最高为 22%，说明（NaOH+0.5Na$_2$CO$_3$）作为黄河淤泥生态砌块的固化剂效果一般。

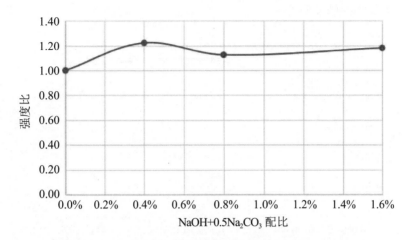

图 5-23　Na$_2$CO$_3$+NaOH 复掺对黄河淤泥生态砌块强度的影响

（16）NaOH、Na$_2$SO$_4$ 复掺对黄河淤泥生态砌块抗压强度的影响。

图 5-24 给出了不同 NaOH、Na$_2$SO$_4$ 掺量对黄河淤泥生态砌块抗压强度的影响。从图 5-24 可见，NaOH + 0.5Na$_2$SO$_4$ 掺量为 0.4% 时，试样强度提高最高，为 45%，说明 NaOH + 0.5Na$_2$SO$_4$ 复掺可以作为黄河淤泥生态砌块的固化剂，最佳配比为 0.4% 左右。

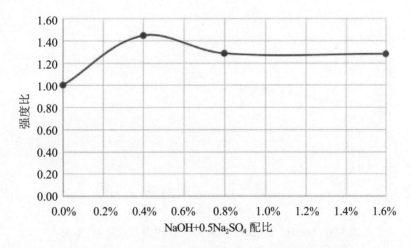

图 5-24　NaOH、Na$_2$SO$_4$ 复掺对黄河淤泥生态砌块强度的影响

（17）NaOH、脱硫石膏复掺对黄河淤泥生态砌块抗压强度的影响。

图 5-25 给出了不同 NaOH、脱硫石膏掺量对黄河淤泥生态砌块抗压强度的影响。从图 5-25 可以看出，添加 NaOH、脱硫石膏对试样强度提高显著，但随着掺量的进一步提高，强度变化缓慢。最佳掺量约为 0.8%（NaOH+12.5 脱硫石膏）。强

度达到不掺加试样的 2.63 倍。

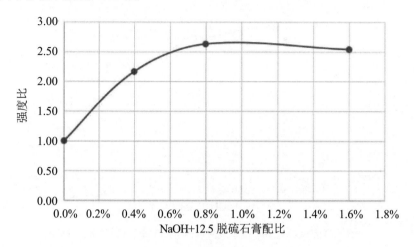

图 5-25  NaOH、脱硫石膏复掺对黄河淤泥生态砌块强度的影响

（18）NaOH、水玻璃复掺对黄河淤泥生态砌块抗压强度的影响。

图 5-26 给出了不同 NaOH、水玻璃掺量对黄河淤泥生态砌块抗压强度的影响。从图 5-26 可知，随着（NaOH + 水玻璃）掺量的提高，试块抗压强度接近按正比例提高，配比为 1.6%（NaOH + 水玻璃）时，试样抗压强度提高了 84%，效果显著。

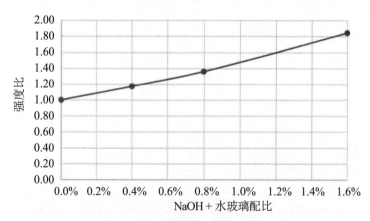

图 5-26  NaOH、水玻璃复掺对黄河淤泥生态砌块强度的影响

（19）NaOH、$MgCl_2$ 复掺对黄河淤泥生态砌块抗压强度的影响。

图 5-27 给出了不同 NaOH、$MgCl_2$ 掺量对黄河淤泥生态砌块抗压强度的影响。从图 5-27 可见，（NaOH+$MgCl_2$）的掺量为 0.4% 时，试样强度比不添加时的强度提高了 45%。当掺量为 1.6% 时，强度进一步提高，比不添加时的强度提高了 68%。NaOH、$MgCl_2$ 复掺作为黄河淤泥生态砌块固化剂，效果较好。

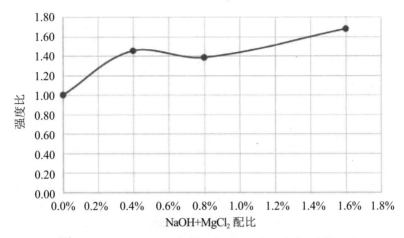

图 5-27　NaOH、MgCl$_2$ 复掺对黄河淤泥生态砌块强度的影响

（20）NaOH、CaCl$_2$ 复掺对黄河淤泥生态砌块抗压强度的影响。

图 5-28 给出了不同 NaOH、CaCl$_2$ 掺量对黄河淤泥生态砌块抗压强度的影响。从图 5-28 可以看出，掺加 0.4%（NaOH+0.5CaCl$_2$）时效果较好，比不添加时的强度提高了 57%。但配比 0.8% 时，强度比不添加时还低。

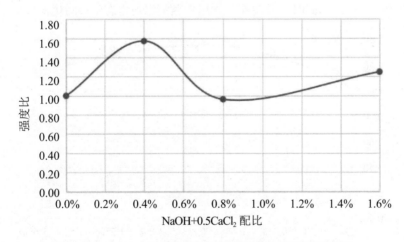

图 5-28　NaOH、CaCl$_2$ 复掺对黄河淤泥生态砌块强度的影响

（21）NaOH、工业盐复掺对黄河淤泥生态砌块抗压强度的影响。

图 5-29 给出了不同 NaOH、工业盐掺量对黄河淤泥生态砌块抗压强度的影响。从图 5-29 可知，掺加 0.8%（NaOH + 工业盐）时效果较好，比不添加时的强度提高了 21%。说明 NaOH、工业盐复掺作为黄河淤泥生态砌块的固化剂效果一般。

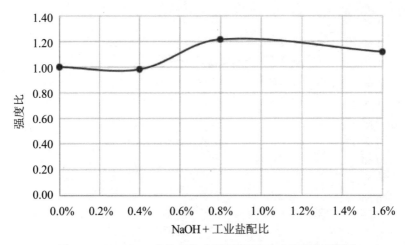

图 5-29　NaOH、工业盐复掺对黄河淤泥生态砌块强度的影响

（22）NaOH、聚羧酸复掺对黄河淤泥生态砌块抗压强度的影响。

图 5-30 给出了不同 NaOH、聚羧酸掺量对黄河淤泥生态砌块抗压强度的影响。从图 5-30 可以看出，添加一定量 NaOH、聚羧酸可以提高黄河淤泥生态砌块的抗压强度，其中掺量为 0.8%（NaOH + 聚羧酸）时效果最优，试样强度比不添加时的强度提高了 35%，NaOH、聚羧酸复掺用作黄河淤泥生态砌块固化剂效果一般。

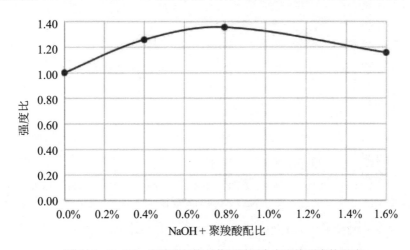

图 5-30　NaOH、聚羧酸复掺对黄河淤泥生态砌块强度的影响

（23）$Na_2SO_4$、$MgCl_2$ 复掺对黄河淤泥生态砌块抗压强度的影响。

图 5-31 给出了不同 $Na_2SO_4$、$MgCl_2$ 掺量对黄河淤泥生态砌块抗压强度的影响。从图 5-31 可知，掺加一定量的 $Na_2SO_4$、$MgCl_2$，试样强度都有不同程度的提高，抗压强度提高的峰值出现在为 0.3%（$Na_2SO_4$ + $MgCl_2$）掺量时，试样强度比不添加时

的强度提高了 28%。说明 Na₂SO₄、MgCl₂ 复掺用作黄河淤泥生态砌块的固化剂效果一般。

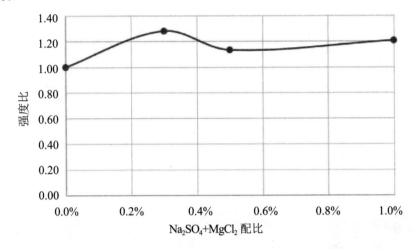

图 5-31 Na₂SO₄、MgCl₂ 复掺对黄河淤泥生态砌块强度的影响

（24）Na₂SO₄、MgCl₂、聚羧酸复掺对黄河淤泥生态砌块抗压强度的影响。

图 5-32 给出了不同 Na₂SO₄、MgCl₂、聚羧酸掺量对黄河淤泥生态砌块抗压强度的影响。从图 5-32 可见，Na₂SO₄、MgCl₂、聚羧酸掺量对试块强度的影响接近上凸抛物线，最大值在（Na₂SO₄+MgCl₂+2 聚羧酸）添加 0.3% 左右，这时候试块强度比不添加时提高了 31%。添加聚羧酸减水剂后比不添加时，强度略有提高，但变化不大。

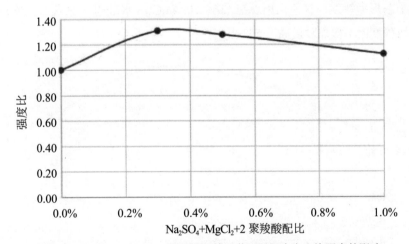

图 5-32 Na₂SO₄、MgCl₂、聚羧酸复掺对黄河淤泥生态砌块强度的影响

（25）CaCl₂、水玻璃复掺对黄河淤泥生态砌块抗压强度的影响。

图 5-33 给出了不同 CaCl₂、水玻璃掺量对黄河淤泥生态砌块抗压强度的影响。

从图5-33可以看出，添加一定量$CaCl_2$、水玻璃可以提高黄河淤泥生态砌块的抗压强度，其中掺量为0.3%（水玻璃+0.5$CaCl_2$）时，试样强度比不添加时的强度提高了37%；掺量为1.5%（水玻璃+0.5$CaCl_2$）时，试样强度比不添加时的强度提高了40%，考虑到经济效益，$CaCl_2$、水玻璃复掺作为固化剂添加量可以按0.3%进行控制。

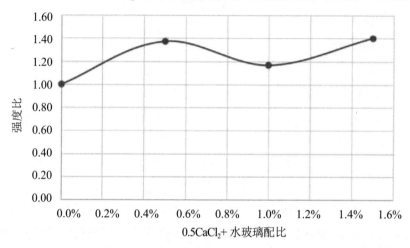

图5-33　$CaCl_2$、水玻璃复掺对黄河淤泥生态砌块强度的影响

（26）$CaCl_2$、水玻璃、聚羧酸复掺对黄河淤泥生态砌块抗压强度的影响。

图5-34给出了不同$CaCl_2$、水玻璃、聚羧酸掺量对黄河淤泥生态砌块抗压强度的影响。从图5-34可知，掺加$CaCl_2$、水玻璃、聚羧酸作为固化剂，对试样强度的影响呈上凸形抛物线，极值点出现在1.0%（0.5$CaCl_2$+水玻璃+聚羧酸）附近，这时候试块强度比不掺加时提高了55%。

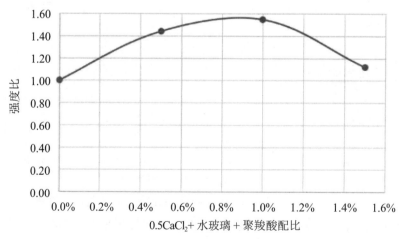

图5-34　$CaCl_2$、水玻璃、聚羧酸复掺对黄河淤泥生态砌块强度的影响

# 第6章 黄河淤泥及固体废料生态砌块技术应用研究

## 6.1 砌块（砖）生产工艺

### 6.1.1 建筑垃圾和工业固废制备砌块（砖）生产工艺

利用黄河淤泥、建筑垃圾和工业固体废弃物制备生态砌块，生产线使用的主要机械设备是一致的，生产工艺路线如下，具体工艺流程如图 6-1 所示。

①在集料的堆棚用装载车运输至各制品车间的配料仓。

②配料仓设电子皮带秤，按照要求计量配料。

③用皮带机输送到料斗提至自动调湿搅拌机搅拌。

④搅拌好的湿料用料斗送至成型机成型（市政道路广场砖、仿石透水砖、砂基透水砖要进行二次布面料），成型好的湿砖坯用链条输送机送到升板机。

⑤用子母机送到养护窑养护，待砖坯达到一定强度时，用子母车从养护窑取出，送到降板机将砖坯送到链条输送机，送至码坯机进行码坯。

⑥再用叉车送到堆场进行养护，养护 28 d 的产品经过检验合格后出厂。

⑦栈板通过链条输送机送到混凝土砌块成型机继续使用。

### 6.1.2 西安银马生产线

西安银马实业发展有限公司生产的超级美洲豹 2001 牌建筑垃圾环保砖生产线综合利用建筑垃圾等制备高端生态环保砖，其中建筑垃圾地砖原材料配比：水泥、建筑垃圾、砂石的质量配比为（10%～20%）：（40%～50%）：（30%～50%）。同时该生产线采用一种智能码坯系统——坐标式码坯机器人码坯，生产效率高，是一种新型节能环保生产工艺。生产线工艺程序如下：

（1）用铲车（或自卸车）将原料运至原料仓。

（2）给料、破碎。安装于原料仓下的除土振动筛分喂料机将原料中的杂土筛分出，经一条皮带机输送出去，再经一个圆振筛筛分，筛分后的杂土经皮带输送机输送到废土堆，筛分后的 ≥ 20 mm 的物料输送至破碎机下方的主料皮带，运送至一个封闭圆振筛进行筛分。经给料机除土后的原料输送到破碎机破碎。

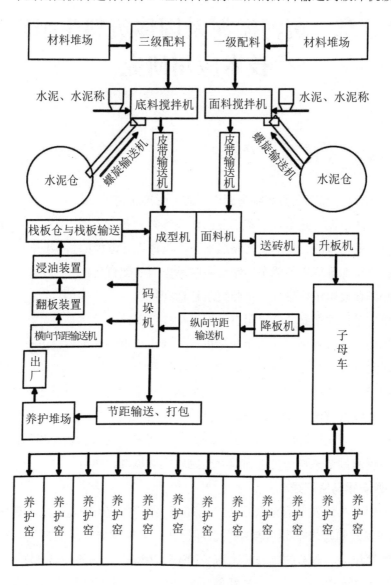

图 6-1 制砖工艺流程图

（3）轻物质分离。破碎后的物料先经过人工分选平台进行预分选，剔除大块的轻物质，再通过磁选除去钢筋，然后再输送至轻物质分离器分离出轻物质和物料中未除去的杂土。

（4）筛分。分离过轻物质的物料用皮带输送机输送至一个封闭圆振筛进行筛分，筛分出的 0～10 mm 的物料用作生态砌块制作的原料（这部分成品可以设计再筛分，筛分出 0～3 mm、3～6 mm、6～10 mm），筛分出的 10～31.5 mm 的物料用作再生骨料。

（5）筛分出的 10～31.5 mm 的物料经轻物质分离器再次分离残余的轻物质后经皮带机输送至一台砖混分离设备，分离出混凝土骨料和红砖骨料，再用一个圆振筛把破碎过的混凝土骨料分离成 10～20 mm 和 20～31.5 mm 两个规格成品。

## 6.1.3　黄河淤泥及固体废料静压成型生态砌块生产线

该生产线主要包括原料处理、配料设计、计量、混合料拌制、试块静压成型、试块养护等关键工序。生产工艺流程图如图 6-2 所示。研发最优工艺设备，设计原材料、水分、压力等在线分析、控制系统，实现自动配料、上料、加压、测试和数据分析一体化自制静压生态砌块生产线。该静压生态砌块生产系统具有免烧结、免蒸养，全程无废水、废气、废渣排放，省水、省电、省工、省时等优点。

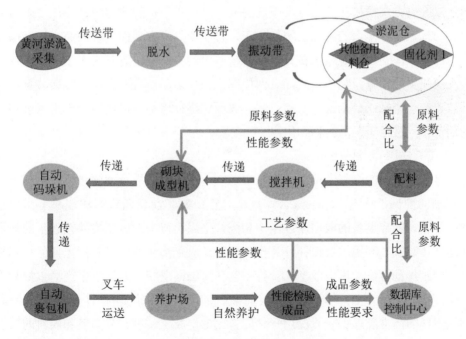

图 6-2　黄河淤泥及固体废料静压成型生态砌块生产工艺流程图

## 6.1.4　砌块湿法成型工艺

砌块湿法成型工艺主要适用于混凝土类制品。小型混凝土制品湿法成型工艺系相对于采用干硬性混凝土的砌块成型机成型工艺而言。两者最大的不同点为成型时新拌混凝土的流动工作性能有明显差别。因此，这里所讲的"湿法"是根据新拌混凝土工作性能，与混凝土砌块（砖）生产过程所使用的新拌混凝土对比而言，人为进行划分，并不十分科学、合理。实际上，欧美发达国家目前在该类产品成型时，新拌混凝土的实际水灰比（W/C）并不大，一般都不会超过0.35；新拌混凝土的流动工作性主要源自掺入外加剂带来的改善和提高。采用低水灰比，是提高制品的致密性、强度和耐久性的需要。

### 6.1.4.1 传统的模具浇注成型

早期的预制混凝土构件成型工艺，都采用模具定点浇注、带模养护。故多数小型混凝土制品肯定也能采用这种传统的成型工艺进行生产。

（1）英国 Brett 公司。

一条生产大型混凝土路缘石和公路用混凝土隔离墩制品的生产线，采用浇注和振动台工位合二为一的定点浇注成型工艺，在一套钢模（长约 6 m）上一次可浇注成型多个制品；空模具和带坯体的模具，采取专用门式轨道行车、经空中转运，以叠码方式摆放在门式行车下的空间，进行带模、静停养护。浇注是采用另一台门式轨道行车上的可移动浇注小车，可在模具上方横向滑移，完全依靠操作工的经验来控制新拌混凝土在每个产品模腔内的浇注量；有时需人工进行新拌混凝土浇注量的增减。钢模使制品表面原则上为光面。一台专用脱模翻转装置将制品放置在一个操作台上，人工检查制品表面和进行修补；再使用带专用夹具的电动葫芦吊，进行短距离搬移和码垛。

（2）法国 Ouadra 公司。

是一家法国的混凝土砌块成型机专业制造商，公司靠近德国边境，实际上有很浓烈的德国"味"。Quadra 公司近十几年研发了前后四代湿法混凝土面板生产线设备。四代设备的成型原理基本相同，采用类似干混砂浆搅拌输送泵的计量输送合体装置，利用螺旋搅拌叶片作为新拌混凝土浇注的计量器；无任何加压装置的固定振动台振动密实成型；反打工艺（装饰面层朝下），以生产清水混凝土装饰面板类产品为主。当在底模板上饰纹，加一层塑料模具材料，可在面板制品表面形成凹凸性纹理。一般仅用一种配合比的混凝土，没有分面料和底料的二次布料工艺；成型过程中可人工放入钢筋或钢筋网片。

（3）捷克 Broz 公司。

捷克 Broz 公司的简易辊道输送生产线属于半自动化的湿法成型流水生产线。它最大的特点：一是浇注时模具在辊道台上是移动的，即浇注出料口不动，模具在浇注时可控发生位移。这样解决了在传送带宽度不大条件下如何生产长度较大混凝土面板的难题。二是新拌混凝土的计量方式，它在浇注出料口之前，使用一根软管，在软管上下有可调节位置的夹具，位于两个夹具之间的软管，起到体积计量杯的作用。实际上，它与德国玛莎公司转盘式压机采用的浇注混凝土计量方式相同。整个工艺设备类似于前文介绍的法国 Quadra 公司二代生产线，没有加压、只有振动密实，典型的"一"字形半自动线，用叉车来搬运叠放的模具。

### 6.1.4.2　转盘压机成型工艺，"湿"与"干"的交集

转盘式成型压机，属于为湿法成型小型混凝土面板类产品量身定制的专用成型设备，与振动成型机在混凝土砌块（砖）生产线上的地位一样重要。OLF 公司由意大利两家最老牌，也是最大的转盘机生产者 OCEM 公司与 Longinotti 公司合并而成，OLF 公司是全球最大，也是最主要的转盘机生产商，其全球市场份额超过 90%。OCEM 成立于 1926 年，家族企业，现由家族第三代掌控。公司从 1947 年开始设计与生产转盘式成型机，发展至今，形成了多系列机型，从简易小型线到全自动大型生产线，一应俱全，设备所生产的双层与通体产品广泛用于室内外领域。Longinotti 公司，自 1936 年始就开始生产转盘式成型机。此公司生产的成型机以高效且可靠而闻名。在全世界范围内，经过了 80 多年的竞争。2017 年 OCEM 与 Longinotti 两公司宣布合而为一，合并成立一个全新的公司——"OCEM-LONGINOTTI FIRENZE"，简称为 OLF 公司。OLF 所生产的转盘式湿法成型机种类多，从 2 工位小型简易线到 6 工位全自动大型生产线，最大产量可超过 2 000 m²/8 h。

（1）转盘式湿法产品简介。

①应用于室外地面，产品种类众多，但仿石、仿木纹产品是主流，仿石、仿木纹是湿法制品最大的特点。

②应用于室内地面，大型公共场合如地铁、机场、超市、医院等。

③应用于内墙面、外墙外挂窗台、灶台、台盆、台阶等。

④由于湿法产品非常的致密，表面非常适合做出各种各样的图形、图案，各种各样的纹路、纹理，与园林景观配套也相当的好。

（2）生产线的组成。

无论是通体砖的机型还是双层布料砖的机型，生产线的组成基本上一样。

①配料搅拌系统，如水泥罐、搅拌机、自动称重系统、输送装置等。

②成型主机。

③接砖、放砖（输送）系统，分为水平式与垂直式。

④子母车。

⑤养护系统。

⑥二次加工生产线，如定厚、水磨、抛光、剖面等。

⑦自动打包系统。

⑧污水处理系统。

（3）产品养护方式。

既可养护窑养护，也可自然养护。自然养护，根据天气的温度、湿度等，需要 3～5 天。养护窑养护，大概需要 18～24 h，就可达到自然养护 15 d 的效果。

（4）各种深加工及相关配套设备。

定厚机、水磨机、水洗机、抛丸机、倒边及定距机（定距就是加工所想要的产品尺寸与斜度）、自动产品切割及磨边机、刷面机、上蜡与喷涂设备、表面打印设备、全自动打包设备、水处理与循环利用设备。

与前文所述传统模注成型工艺相对比，转盘压机成型工艺生产混凝土面板时，生产效率获大幅度提高，制品强度相对要改善不少，产品可用于轻载型人行道便道的铺设，也可应用于重载场合。不过，每次变更产品规格时，则需同时更换所有工位上模具（六套或七套），而不是仅一套。在市场总需求量减少的新常态形势下，混凝土砌块（砖）生产企业应丰富产品规格和多元化，建议可利用企业闲置的配料和搅拌系统，用尽量少的投资，进行湿法成型工艺的尝试。初期以生产装饰混凝土砌块建筑的辅助配块、异形的混凝土路面板（砖）为主。有经验后，可重点开发园林景观用、批量并不大的一些块（板）型产品；要尝试采用湿法成型工艺，做薄混凝土路面板（砖），将它打入室内与庭院的地坪铺装，与石材板材、陶瓷墙地砖开展竞争。特别是异形块、个性化用量小的混凝土制品有优势；有技术力量和硬件条件的混凝土路面砖（板）企业，可尝试在现有混凝土路面砖生产线上，进行仿湿法制品的产品开发，提高混凝土路面砖面层的致密性和强度，使产品升级换代。

# 6.2 生产关键环节分析

## 6.2.1 黄河淤泥等材料脱水处理

利用河流泥沙、沉淀池淤泥等材料制作砌块（砖）时，由于水分含量高，不能直接应用于生产，需要首先进行脱水处理。黄河淤泥等材料的脱水处理，一般可以采用泥沙脱水机，一种将特地细沙、淤泥回收的矿山设备。

泥沙脱水机被普遍用于矿山冶炼、建材加工、公路铁路建筑和化工消费等行业中对各种细沙回收，脱水机细沙回收效率高达 95%，采用半闭合性设计，经过分离后，泥沙废水等会从旋流器上部排出。泥沙脱水机的主要作用是对砂石清洗、脱水、分级，能够很好地回收传统制砂行业中洗砂机流失的大量细砂，提升经济效益的同时，降低了尾料的处理费用及流失细砂会环境造成的污染、破坏。

泥沙脱水机是针对浆状物料脱水、脱介、脱泥开发的设备，该机的特点是可以很好地解决制砂行业的细砂流失问题。泥沙脱水机又称尾沙回收机、细砂提取机、细沙收集机、泥沙分离机、泥浆分离机、砂水混合物处理系统等。泥沙脱水机可用于陶瓷原料加工系统的脱水环节、选矿厂的尾矿回收处理、石英砂的加工系统、水电站砂石料的加工系统等，可以解决细沙、细料的回收问题。例如一些陶瓷原料的脱水环节用的是真空过滤机，投资大、耗电量大，需要经常更换滤布等，使用起来特别的不方便，用细砂回收机可以代替过滤机，来进行物料的脱水，达到干堆和运输的要求，且细砂回收机的投资小、耗电量小、操作使用方便，企业减少成本保护环境提高投资回报率的。

泥沙脱水机的工作原理如下：

①细砂回收机设计合理，使用方便，主要有电机、真空高压泵、泥沙分离器、TS 脱水筛、清洗槽、返料箱等结构部件。

②工作过程。泵浆砂水混合物输送至泥沙高压分离器，离心分级浓缩的尾沙经沉沙嘴提供给脱水筛，经脱水筛脱水后，尾沙与水有效分离，少量尾沙、泥等经返料箱再回到清洗槽，清洗槽液面过高时，经出料口排出。脱水筛回收物料重量浓度为 70% ~ 85%。调节细度模数可以通过改变泵转速、改变砂浆浓度、调节溢流水量、更换出砂浆嘴来实现。从而完成清洗、脱水和分级三种功能。

德州玮烨叠罗脱水机通过污泥输送泵，污泥被输送到污泥输送口，被送入叠螺主体内，在浓缩部进行重力浓缩，大量滤液从浓缩部的滤缝中排除，直接回流到原水池。浓缩后的污泥沿着螺旋轴向前推进，在各种合力的作用下在脱水部充分脱水。脱水部的游动环和固定环之间的空隙变狭窄，通过位于排出口的背压板而进一步加压脱水，后排出泥饼。

叠螺污泥脱水机脱水原理是污泥在浓缩部经过重力浓缩后，被运输到脱水部，在前进的过程中随着滤缝及螺距的逐渐变小，以及背压板的阻挡作用下，产生大的内压，容积不断缩小，达到充分脱水的目的。叠螺污泥脱水机具有以下特点：

①小型设计。设计紧凑，脱水机里面包含了电控柜、计量槽、絮凝混合槽和脱水机主体。占地空间小，便于维修及更换；重量小，便于搬运。

②不易堵塞。具有自我清洗的功能。不需要为防止滤缝堵塞而进行清洗，减少冲洗用水量，减少内循环负担。擅长含油污泥的脱水。

③低速运转。螺旋轴的转速为 2～3 r/min，耗电低。故障少，噪声振动小。

④操作简单。通过电控柜，与泡药机、进泥泵、加药泵等进行联动，实现 24 h 连续无人运行。日常维护时间短，维护作业简单。机体采用不锈钢材质，能够最大限度延长使用寿命。更换部件只有螺旋轴和游动环，使用周期长。

叠螺式污泥脱水机可广泛用于市政污水处理工程以及石化、轻工、化纤、造纸、制药、皮革等工业行业的水处理系统。

### 6.2.2　建筑垃圾等固废的破碎

AF250 破碎机是由郑州鼎盛工程技术有限公司研发的 AF 系列建筑垃圾破碎机，是国内唯一一款具有钢筋切除装置的建筑垃圾专用破碎机。其特点如下：

①带有钢筋切除装置，主机不会堵塞。

②变三级破碎为一级破碎，简化工艺流程。

③出料细、过粉碎少、颗粒成型好。

④半敞开的排料系统，适合破碎含有钢筋的建筑垃圾。

⑤破碎机匀整区的衬板上设计有钢筋的凹槽，物料中混有的钢筋在经过这些凹槽后被捋出而分离。

⑥配套功率小、耗电低、节能环保。

⑦结构简单、维修方便、运行可靠、运营费用低。

该生产线采用一级破碎，主机使用郑州鼎盛工程技术有限公司生产的给料机、建筑垃圾专用破碎机和振动筛分设备、轻物质分离设备和砖混分离设备，除尘采用芬兰 BME 公司先进的环保除尘设备。具体为：

①振动喂料、振动筛分设备。

②无缠绕单段反击破碎机。

③"亚飞"轻物质分离器。

④砖混分离设备。

⑤ BME 粉尘抑制系统。

### 6.2.3 原材料筛分

块状建筑垃圾、工业固废等制作砌块（砖）的原材料需要破碎后再进行筛分处理。郑州鼎盛工程技术有限公司生产的 YK 高效圆振筛为国内新型机种，该机采用偏心块散振器及轮胎联轴器，经多条砂石及建筑垃圾生产线生产实践证明，该系列圆振动筛具有以下性能特点：

①通过调节激振力改变和控制流量，调节方便稳定。

②振动平稳、工作可靠、寿命长。

③结构简单、重量轻、体积小、便于维护保养。

④可采用封闭式结构机身，防止粉尘污染。

⑤噪声低、耗电小、调节性能好，无冲料现象。

原材料的分选、筛分工艺如下：

①运输、粗破碎。将混合建筑垃圾运输至筛分设备的料场，利用破碎炮、液压剪等破拆设备，将其中较大的建筑残体破碎为粒径≤500 mm 的碎块。利用抓斗将其中混杂的大型废家电、大型金属建材、木质建材、塑料建材分选分类堆放。

②预筛分。通过装载机向供料装置持续送料，供料装置中的物料经板式输送机传送到预分选筛。预分选筛可将粒径大于 250 mm（可调）的物料分选出来，通过传送带输送到粗分骨料堆放处，该传送带一侧设置人工分拣工位，将粗分骨料中混杂的大块织物、废轮胎等大型杂物分拣分类堆放；粒径小于 250 mm 的物料在预分选筛的振动作用下，通过分料板均匀散落在进料传送带上，输送至下一道工序。

③磁选。传送带上的物料在进入滚筒筛前，首先通过磁选机。磁选机可将物料中混杂的磁性金属吸附、分拣至专用收集器。由于混合建筑垃圾中含有钢筋、日用金属制品等磁性金属，撞击和摩擦作用会加速筛分设备的磨损和老化，磁选工序不仅可实现金属资源再利用，还可有效延长设备使用寿命。

④风送。混合建筑垃圾中一般含大量土质，混杂在土中的轻质塑料制品很难有效分拣。通过风力分散作用，可将比重较轻的塑料制品与土质分离，提高后续工序的分选质量。

⑤滚筒筛。滚筒筛孔直径为 40 mm，滚筒将粒径小于 40 mm 的土和碎石分选到筛下，通过传送带输送到回填土料堆。筛上粒径大于 40 mm 的物料通过滚筒末端进入传送带，送到比重风选仓进行风选。

⑥风选。滚筒筛分选出的粒径大于 40 mm 物料，通过传送带进入风选仓，在物料抛落过程中，利用风压将其中较轻质的塑料袋、塑料瓶和废橡胶、碎玻璃等物品吹入比重风选筛。其中比重最轻的塑料袋在风力作用下，直接进入滚筒筛末端的塑料袋收集器，并通过溜板进入液压打包机。其他比重较重的物料落到比重风选筛内部。比重最重的骨料直接落入骨料传送带，通过传送带进入粗分骨料堆。

⑦比重风选筛。比重风选筛的筛孔直径为 80 mm。比重风选筛是将风选出的物料进行细化分类，其中粒径小于 80 mm 的碎玻璃、塑料、橡胶、废电池通过筛孔进入筛下传送带。粒径大于 80 mm 的塑料瓶、废橡胶等物料（粒径大于 80 mm 的玻璃比重过大，无法通过风选仓进入比重风选筛，因此此类物料中不含玻璃）通过比重风选筛、末端进入收集器，在筛下物传送带两侧，设有人工分拣工位，主要用于分拣垃圾中的废电池。全部筛分工序至此完成。

⑧人工分拣。将各工序分选出的物料中的大型纺织物、木质建材、塑料建材和废电池分拣、收集。

### 6.2.4　配合比设计

#### 6.2.4.1　配合比设计应注意的问题

①以黄河淤泥为主，根据地区已有固废情况，适当添加固废粉料，有利于实现绿色环保的发展理念，工程固废综合利用，降低成本。

②研发生态砌块生产线的在线分析系统，提高生产线的智能化水平。传统制砖企业设备自动化程度有限，急需研究、应用根据原材料的特性变化而调整相应生产工艺的在线分析配料系统和自动反馈配料控制系统，形成材料、工艺和设备三位一体生态砌块生产技术。

③要在保证质量的前提下进行配和比设计及优化。原料配和比的研究是用黄河淤泥、建筑垃圾和工业固废生产生态砌块的核心技术。目前，再生免烧砖（生态砌块）与烧结黏土砖的竞争十分激烈，其竞争主要在成本上。所以，再生免烧砖的成本问题在配方设计时应予充分考虑，原则上尽量不要使用价格过高的原材料，外加剂的品种及用量应予控制。对成本影响较大的胶凝材料应尽量降低用量。胶凝材料的选择、建筑垃圾、工业固废中某些原料对产品性能的影响以及原料的颗粒级配对生态砌块制品产品质量均有不同程度的影响。要在特别要注意不能以牺牲质量为代价，降低水泥用量或外加剂用量，或者废弃物的比例过大。其他方面均应服从保证质量第一原则。

④为响应国家节能减排政策，建筑垃圾及工业固废的掺量应达到一定比例。建筑垃圾及工业固废生态砌块主要是消化和利用建筑垃圾及工业固废，所以废弃物的掺量不能太低。在保证质量的情况下，应采取必要的配比手段，提高废弃物的用量。

⑤所涉及的原料应方便易得，保证供应。应利用周边地区的原材料进行配比设计，主要原材料的运距不宜过远，以降低运输费用。外加剂应选用较为普通易得的。如需远购，应考虑供应保障。优先选择活性和胶凝性好的固体废弃物，因为这决定着生态砌块制品的强度和耐久性、水泥用量以及成本，对制品影响最大；其次应考虑固体废弃物的密度，要在考虑活性的基础上照顾到对原料密度的要求；还应考虑固体废弃物的应用成本以及供应和资源状况；固体废弃物的预处理难度等，其中粉煤灰应符合 GB/T 1596—2017 和 GB 6566—2010 的规定，高炉矿渣应符合 GB/T 18046—2017 的规定。

⑥充分考虑生产工艺的需要。在进行配比设计时，也应考虑配方对设备和工艺的适应性。配方不是孤立的因素，它受设备工艺的影响是很大的。例如，生产免烧砖的成型机是液压式的，压力大，可以设计使用细物料 ( 如粉煤灰 )；但若成型机是振动式的，则不能以细物料为主。再如，生产线配备有轮碾机，配方中设计的废弃物粒度可稍大一些。而如果不配备轮碾机，配方中设计的废弃物粒度应小些。不同的生产工艺及设备，对配方的要求是不相同的，绝不能脱离工艺和设备来进行配比设计。

### 6.2.4.2　影响配合比设计的关键技术因素

（1）配合比设计必须以砌块强度等性能的符合性为基础。

重视生态砌块成品的强度要求及对配比的影响。生态砌块配方设计必须建立在强度设计的基础上，先设计强度后设计配方，而不能先设计配方再去设计强度。在生态砌块强度标号设计之后，配合比应围绕这个强度要求来设计。高强度的生态砌块，在配比时应加大胶结料及外加剂的用量，并相应降低废弃物用量，并调整用水量等；而强度标号相对较低的生态砌块，其胶结料及外加剂可适当减少，也可考虑不使用胶结料。不同的强度应有不同的配比设计。生态砌块成品的强度要求，其最低不得小于 10 MPa，一般为 15 ~ 20 MPa。高强生态砌块为 20 ~ 30 MPa。若强度在 10 ~ 15 MPa 之间，胶结料及外加剂可以一般性加入；若标号在 15 ~ 20 MPa 之间，胶凝料与外加剂则应多加；强度大于 20 MPa 者，胶结料与外加剂可适当增加，但不可增加过大，可通过改善工艺提高强度，以免成本过高；其强度设计以 15 MPa 左右为宜。

（2）胶凝材料的选择。

胶凝材料有硅酸盐水泥、镁水泥、石灰、石膏（不包括各种有活性的工业固体废弃物）四种，这些胶凝材料不仅涉及产品的性能，还影响生产成本，可单独使用，也可复合使用。通过综合分析，最常用的品种为硅酸盐水泥，硅酸盐水泥应符合 GB 175—2020、GB/T 2015—2017 的规定。为了降低胶凝材料的用量，降低成本，要加大固化剂的研究及应用力度。外加剂应符合 GB 8076—2008 和 JC 474—2008 的规定，颜料应符合 JC/T 539—2017 的规定，水应符合 JCJ 63—2006 的规定。

（3）生态砌块砖坯的强度要求及对配比的影响。

砖坯在成型后要从成型机上取下，并码放在养护车或养护室内养护，需要经得起搬动并在码放后能承受一定坯垛自重的压力。因此，要求砖坯应具有一定的初始强度。否则，大量砖坯会在搬取与码放时损坏。对砖坯的强度要求应随各种生态砌块品种而异。在坯体成型中，坯体水分的大小以及成型压力至关重要，这些都影响制品的强度，成型水分一般在 11% ~ 13%。成型工艺依成型机类型的不同可分为压力成型、振动成型、浇筑成型三种，其中，压力成型应用最广泛，是生产中的主导性成型工艺，在压力成型中，液压成型效果最好，应用最为普遍。

（4）工业固废品种选择对配比设计的影响。

工业固废是生态砌块的主要原料。配比设计事实上是服从于工业固废品种的。当地有什么样的工业固废，配比就要围绕这样的工业固废品种来设计。不同的工业固废要有不同的配方，不宜使用相同的配方。例如，当采用钢渣时，可少用或不用水泥；而采用矿尾砂时，在自然养护条件下，就必须在配方中设计水泥胶结料。同属于活性废渣，由于活性不同，其配方也是不同的。例如，当采用矿渣时，由于它活性很高，活化剂用量极少，甚至可以不用。而采用粉煤灰时，由于它的活性较低，一般在自然养护条件下，不使用活化剂是不行的，且还应配合早强剂、分散剂等，水泥也应提高比例。固废千差万别，配方也要千差万别。

（5）建筑垃圾骨料粒径对配比设计的影响。

骨料粒径是建筑垃圾的一项重要指标，也是决定生态砌块的强度的重要因素。当骨料粒径越大时，骨料间的接触点少，使生态砌块的强度下降，此时应适当增加胶凝材料用量以提高强度；当骨料粒径越小时，其骨料的接触点多，使生态砌块的强度增大，此时可少用胶凝材料。

（6）生产工艺对配比设计的影响。

生态砌块的生产工艺可以有很多种，即使采用相同的废弃物，其可能采用的工艺也可以有很多选择。例如利用粉煤灰制备的生态砌块可以自然养护，也可以蒸压养护、蒸汽养护、太阳能养护等，这些不同的工艺，对配方的要求也大不相同。例如，蒸压养护、蒸汽养护可少用水泥，自然养护就要多用水泥，外加剂也随之增减。当蒸压养护或蒸汽养护时，还要加入一定量的蒸压剂，以缩短蒸压时间。事实证明，不同的工艺，其配方是相差极大的。在实际生产中，决不能照搬其他工艺的配方，否则，势必出现质量问题。

（7）生产设备对配比设计的影响。

前已介绍，生产设备对配方影响极大。不同的生产设备，就需要不同的生产配方来相适应。例如，相同的废弃物，相同的工艺蒸养，其生产设备也是不同的，其砖机可采用八孔转盘，也可采用液压、机械冲压等不同设备。不同的生产设备对配方的要求也不大一样。八孔砖机性能差，水泥及外加剂就要多用，大吨位液压压砖机所制砖密实度高且不分层，水泥及外加剂就可大大减少；自动控制的连续养护室的养护效果好，所以水泥及外加剂可少用，而简易的养护室由于蒸汽分布不均匀，养护效果差，水泥及外加剂就要多用，且所用的外加剂品种也不能相同。由此看来，配方是要适应设备的。准备采用什么样的设备，就要设计什么样的配方。不考虑设备因素，设计配方是不符合生产实际的。

（8）成本因素对配比设计的影响。

成本因素虽不是技术性因素，但它对配方设计的影响也是非常大的。要想生产出市场可以接受的生态砌块，在配比设计时，就必须注意到生产成本。例如，对外加剂的设计，如成本允许，可以多用几种，且用量可加大。但若成本不允许，则应少用几种，且减少用量。

### 6.2.5 养护工艺

#### 6.2.5.1 养护的作用

养护工艺是黄河淤泥、建筑垃圾及工业固废生态砌块生产的最后一道工序，它和成型工序并列为建筑垃圾及工业固废生态砌块的两大主导工序，生态砌块60%的强度要在养护工序产生，成型只是赋予生态砌块体型与部分强度，而其内部结构的完善和更大强度的产生则是在养护阶段。成型结束并不意味生产的结束，养护不但必不可少，而且和成型具有同等重要的地位，不可认为可有可无。

黄河淤泥、建筑垃圾及工业固废生态砌块强度的形成，主要来自于两个方面：

成型时的机械压力或振动作用及成型后胶凝材料的化学作用。机械作用主要来自于成型，而化学作用则是大部分在养护阶段完成。水泥等胶凝材料的水化产物，以及活性工业废弃物的活性成分的水化产物，二者是生态砌块胶结作用产生强度的主要来源。这些水化产物形成的越多，生态砌块的强度就越高，另外，它们的形成速度，也将直接影响生态砌块的出厂时间。

### 6.2.5.2 养护方法的类型及比较

黄河淤泥、建筑垃圾及工业固废生态砌块的养护方法，就已经应用的情况看大致分为特种养护方法与常规养护方法两大类。在常规养护方法中，主要分为自然养护、蒸汽养护、蒸压养护等。在特种养护方法中，有人们不太熟悉的太阳能养护、远红外养护、浸水养护、碳化养护等。上述养护方法很多，各有特点和适应性。目前，这些方法均有一定的实际应用。为了避免生产者面对众多的养护方法无所适从，现将这些方法进行简略的比较，并介绍相应选择的方法。

传统的常规养护在中国已应用了几十年，积累了丰富的经验，许多较成功的应用先例可资借鉴，一般成功率较高。因此，常规的养护应予优先选择。相比较而言，特种养护是一些养护新技术的探索，虽有一些应用但一直不够普及，有些仅是一些尝试性的研究，生产实践较少。其中远红外养护在普通混凝土制品的养护中有较成功的应用，而在生态砌块的养护上仅做过一些试验性的探索，还没有大规模用于生产实际。药剂气化是近年的一种最新研究，也还没有正式用于生产。浸水（用外加剂溶液）养护有一定的应用和效果，但工艺繁杂，占场地也较多，所以也一直没有广泛推广，普及起来还有难度。碳化养护自20世纪90年代以来，一直有一些应用，虽然也有一些成功的先例，但存在二氧化碳污染，砖的质量不如蒸汽养护方法好。在各种特种养护方法中，太阳能养护是近几年发展起来的新方法，它虽然至今也没有成为主导性养护方法被大家所接受，但因为它节能、无污染、养护成本低，所以从绿色化和节能化的发展方向考虑，它应该是最理想的养护方法，很有发展前途，是未来宜倡导的养护方法。由于太阳能养护的养护温度仍然偏低，无法达到蒸汽养护的效果，且许多方面仍在研究和探索中，工业化的应用仍不成熟，因此，在近几年中，它还不能取代蒸汽养护和蒸压养护在免烧砖生产中担任主角。然而，和常规养护中的自然养护相比，它无疑具有领先性，效果远优于自然养护，应该作为自然养护的取代工艺优先选择。无论如何，太阳能养护都要成为我们重点开发、研究和发展的重点。

自然养护、蒸汽养护、蒸压养护这三种养护方法，是已经广泛应用的养护工艺。

技术成熟、工艺完善是目前应该重点应用的工艺，但也应分别对待，有所选择和侧重。从养护效果看，蒸压养护无疑是最理想、最成熟的优选工艺，其他任何养护的效果都不可能与蒸压养护相比。蒸汽养护的效果仅次于蒸压养护，也不失为较理想的工艺。相比较而言自然养护的效果最差。因此，为保证生态砌块的质量，应该尽量采用蒸压与蒸汽养护。从养护的投资与节能角度考虑，蒸压养护投资最大且能耗也较高，不能优选。蒸汽养护需要锅炉，能耗也较高，也不是优选工艺。所以，从投资节能及环保三方面考虑，自然养护是最理想的选择。

### 6.2.5.3　自然养护

黄河淤泥、建筑垃圾及工业固废生态砌块的养护可以采用这种养护方式。大多数中小企业由于资金的限制，常采用自然养护。由于不采用蒸汽加热，自然养护的效果比蒸养和蒸压要差得多，特别是在产品的耐久性方面，自然养护往往难以保证。为了克服自然养护的缺点，就要采取一定的养护措施，在简易条件下提升养护质量，同时，凡是自然养护的生态砌块还可采用以下几个补充措施：

①加大水泥的用量。

②提高静压成型机的压力或提高振动砖机的激振效果。

③强化物料的搅拌。

④提高物料的品质。

在上述一些弥补性措施的基础上，再配合先进的自然养护方法，可以使养护效果得到保证。在实践生产中，为了提高生态砌块的质量，通常对制品采取覆膜养护，覆膜养护是在生态砌块制品上进行覆膜的保养方法，在砖坯初凝之后终凝之前人工进行混凝土养护薄膜的铺贴，使养护薄膜和生态砌块表面紧密结合，促进生态砌块的水化效应，在混凝土养护过程中起到防裂保湿的显著作用。尤其是在起风季节，生态砌块制品表面易形成很多干缩小裂缝，影响制品表观质量，使用覆膜养护就可以提前喷洒，避免制品表面干裂。图 6-3 为采用覆膜养护生态砌块制品。

自然堆放是最简易的一种养护方法，虽投资小但养护效果不如蒸压养护和蒸养养护理想，且养护期较长。但可以采取一定措施，改善养护条件，提高养护温度，以促进物料的水化反应。

（1）场地选择。本方法宜选择在符合下述条件的地方：

①地势较高，防止下雨积水，一般堆养地面应高于周围地面。

②最好是背风之处，特别是北面地势高些为好，以防止北方冷空气，一般养

护场地不宜选择在风口处。

图 6-3　覆膜自然养护生态砌块

③光照充足，周围不可有大树或建筑物阻挡阳光，以使砖垛尽量利用太阳升温，光照越强越好。

④地面平整开阔，宜于砖坯的码放和转运。

（2）砌筑挡风墙。在养护区的北边，筑起一道 2.5 ~ 4.0 m 的挡风墙。挡风墙的高度以超过砖坯垛高度 1 m 以上为宜，且应砌成夹芯结构墙体，芯层加入保温材料，以增加低温季节抵挡寒风的能力。有条件的最好每 2 ~ 3 垛砖坯就砌筑一道挡风墙。

（3）采用吸热保温养护被。养护被可采用如下三种方法制成：

①复合黑色吸热养护被。采用这种复合膜覆盖，在夏季，砖坯垛内的养护温度可升到 60 ~ 70℃。

②复合黑色充气养护被。这种养护被是上述养护被的改进提高型。这种充气被的保温效果远优于单纯的黑色复合膜。它的主要优点是在夜晚气温下降后，仍能使砖坯保持较高的温度，缩小昼夜养护温差，缩短养护周期。

③复合黑色羊绒棉养护被。这种养护被是在黑色吸热塑料膜的下面，再复合一层轻体高保温的羊绒棉。这种人造棉质轻而蓄热性能优异，可将黑色吸热层

吸收的太阳热量储存起来，有利于太阳热能的利用。

### 6.2.5.4　蒸压养护

蒸压养护特别适用于用工业固体废弃物生产的生态砌块，利用水泥为胶凝材料，建筑垃圾为再生骨料所制备的生态砌块应用则不算普遍。

目前，我国生态砌块的生产，一部分是以活性工业废渣或各种矿业废渣为主。不论是前者还是后者，其主要成分均以硅为主，或硅、铝兼有。因此，利用这些工业废渣制备生态砌块，本质上讲，其形成的主体成分均是硅酸盐，有时也辅以铝酸盐。即使有些废渣砖加入了少量硅酸盐水泥，也仍然属于硅酸盐混凝土。从这个共同点来看，它们所进行的水化反应，是属于同一类反应体系，其最终形成的主要还是硅酸盐。但是，由于养护方法的不同，即使采用相同的废渣和配比，其水化产物在总体一致的同时，也有一定的差别，这些差别导致生态砌块的质量（抗压强度和耐久性）将有较大的差别。因此，当采用蒸压养护时，其温度和压力较高，其相关水化反应进行得更加迅速和彻底，反应生成物更多，生成物的结晶度高，品质优异，相应增加了胶凝强度。同时在干燥收缩、抗干湿循环、抗冻性等方面也优于蒸养砖和自然养护砖。

蒸压养护的设备主要是蒸压釜和蒸压车；我国当前利用工业固废砖生产生态砌块的企业采用的蒸压制度为：50℃左右的湿热条件下预养 3～4 h，在 2～3 h 内升温至 174.5℃（0.8 MPa），恒温（174.5℃）6～7 h，降温 2～3 h（出釜温差小于 80℃）。

### 6.2.5.5　蒸养养护

常压蒸汽养护一般简称"蒸养"，它的基本技术原理与蒸压是相同的。但由于是常压，蒸汽对物料颗粒的作用力相对于高压要差一些。在蒸压下，压力会大大增强蒸汽对物料颗粒的透入性，而在常压下，蒸汽沿微细孔隙进入物料颗粒内部的能力就弱一些。但是相对于自然养护，由于由蒸汽自身的透入性，显然它又优于常温常压下的水的透入性。因此，蒸汽养护逊色于蒸压而又优于自然养护。蒸养养护的设备主要是隧道养护窑或室式养护窑和养护车。蒸养养护的养护制度为：

（1）升温。升温就是将预养过的砖坯加热到蒸养的最高温度（95～100℃）。升温阶段中，对砖坯强度有正反两方面的作用。一方面由于蒸汽在制品表面冷凝，不断地透入制品的细孔内部，并与坯内原有的水分合在一起，溶解氢氧化钙及其他可溶物质，如二氧化硅（$SiO_2$）和三氧化二铝（$Al_2O_3$），使之相互作用，生成含水的硅酸钙和铝酸钙，形成新结构，使强度增长；另一方面，由于升温过程中产生体积膨胀和水分迁移及内外温差应力等物理现象，对砖坯结构产生破坏作用。因此，为了使正反两方面的作用达到平衡，使砖坯强度能抵抗升温引起的结构破坏作用，升温速度不宜过快。

升温速度和升温时间与砖坯预养后的强度，温度和含水率有关。试验证明，当成型水分为16%左右时，如采用自然预养，升温时间需要6 h才能保证砖的质量，而经40~50℃湿热预养的砖坯，升温时间只要2 h即可。升温时间过长，砖坯过多地吸水会引起结构疏松，砖坯的强度增长缓慢，产品强度有下降的趋势。

（2）恒温。恒温时间是指养护室内的砖坯在给定的最高温度下保持恒定的一段时间，是生态砌块发生硬化反应和强度增长的主要阶段。恒温的温度和时间直接影响产品的强度和耐久性。

为了确定最佳的恒温温度，原武汉市硅酸盐制品厂曾进行了一系列试验，其试验结果表明，当恒温温度只有80℃时，尽管恒温时间长达20 h，其游离氧化钙仍高达4.02%~5.78%，产品强度则只有6.3~7.5 MPa。而将恒温温度提高到100℃时，恒温时间虽缩短到6~15 h，其游离氧化钙减少到0.02%~0.58%，说明水化反应进行得相当充分，此时，产品强度达到14.7~18.4 MPa。因此，常压养护的恒温温度应该达到95~100℃。

（3）降温。恒温以后停止供汽，养护室温度下降，砖的温度随之降低，直到制品可以从养护室内取出时为止，这个阶段称为降温。随着制品温度的下降，孔隙内的水分向外蒸发，硅酸盐和铝酸盐胶体脱水并部分晶化，而且在溶液中析出氢氧化钙结晶，使制品硬化。降温不宜过快，因为急剧冷却，水分激烈蒸发，会产生强烈的水流和气流，引起砖裂缝，降低强度，但是，降温也不可太慢，降温过慢会减少无定形水化物和氢氧化钙的结晶度，影响产品强度，也不利于养护室的周转。通常，降温时间控制在2 h左右，并应视室外气温状况而定，以制品出养护室的温度和室外温度之差小于40℃为宜。

# 6.3　主要设备

黄河淤泥、建筑垃圾和工业固体废弃物用来制备生态砌块，所用的设备分为以下几类：黄河淤泥采取、脱水；建筑垃圾和工业固废的破碎设备；对破碎前或破碎后建筑垃圾进行分选的分选、筛分设备；对破碎筛分后的建筑垃圾或工业固体废弃物进行成型的制砖成型设备及全自动制砖生产线等。

### 6.3.1 黄河淤泥采取、脱水设备

#### 6.3.1.1 轮斗式洗砂机

XS 轮斗式洗砂机（见图 6-4）又称洗砂机、洗沙机，主要用在制砂工艺中，用于清洗砂子中的混土、粉尘等，亦可用于选矿等作业中的提砂或类似的工艺中，达到洁净砂子的目的。XS 轮式洗砂机具有洗净度高、结构合理、产量大、洗砂过程中砂子流失少等特点，因而被广泛用于砂石场、矿山、建材、交通、化工、水利水电混凝土搅拌站等行业中对物料进行洗选，在生产过程中，传动部分与水、砂隔离，故障率大大低于螺旋洗砂机，是国内洗砂机设备升级换代的首选。

（1）工作原理。在运行过程中轮斗式洗砂机经电动机、减速机的传动，驱动水槽中的叶轮不停地在水槽中做圆周转动，从而将水槽中的砂石或矿渣颗粒物料在水中搅拌、翻转、淘洗后将物料在叶轮中脱水后排出。

（2）性能特点。

①XS 轮斗式洗砂机在洗砂过程中细砂和石粉流失少，所洗建筑砂级配合理，细度模数达到国家《建筑用砂》《建筑用卵石、碎石》标准要求。

②XS 轮斗式洗砂机结构简单，叶轮传动轴承装置与水和受水物料隔离，避免轴承因浸水、砂和污染物导致损坏，大大降低了故障率。

③使用 XS 轮斗式洗砂机洗砂，成品洁净度高、处理量大、功耗小、使用寿命长。

图 6-4 XS 轮斗式洗砂机实物图

### 6.3.1.2 螺旋式洗砂机

XS 系列螺旋式洗砂机（见图 6-5）可清洗并分离砂石中的泥土和杂物，其新颖的密封结构、可调溢流堰板，可靠的传动装置确保清洗脱水的效果，可广泛应用于公路、水电、建筑等行业。该螺旋洗砂机具有洗净度高、结构合理、处理量大、功耗小、砂子流失少（洗砂过程中）等优势，其传动部分均与水、砂完全隔离，故其故障率远远低于目前常用的螺旋洗砂机设备。

（1）工作原理。XS 螺旋式洗砂机在工作时，电动机通过三角带、减速机、齿轮减速后带动叶轮缓慢转动，砂石由给料槽进入洗槽中，在叶轮的带动下翻滚，并互相研磨，除去覆盖砂石表面的杂质，同时破坏包覆砂粒的水汽层，以利于脱水；同时加水，形成强大水流，及时将杂质及相对密度小的异物带走，并从溢出口洗槽排出，完成清洗作用。干净的砂石由叶片带走。最后，砂石从旋转的叶轮倒入出料槽，完成砂石的清洗作用。

（2）性能特点。①该螺旋洗砂机结构简单，性能稳定，叶轮传动轴承装置与水和受水物料隔离，大大避免了轴承因浸水、砂和污染物导致损坏的现象发生。②过程中细砂和石粉流失极少，所洗建筑砂级配和细度模数达到国家《建筑用砂》《建筑用卵石、碎石》标准。③该机除筛网外几乎无易损件，使用寿命长，长期不用维修。

图 6-5 XS 螺旋洗砂机实物图

## 6.3.2　主要建筑垃圾和工业固废的破碎设备及生产线简介

### 6.3.2.1　常用破碎设备概述

　　常用的建筑垃圾和工业固体废料破碎机种类很多。按照破碎机的工作原理来分，可以分为冲击式破碎机和层压式破碎机两大类。冲击式破碎机靠物料与锤头、物料与物料之间的高速撞击产生冲击性高的解离破碎。层压式破碎机靠互相挤压产生的压力使物料破碎（见图 6-6）。

　　建筑垃圾和工业固体废料破碎机按照单台破碎设备的每小时的生产能力（t/h），可以分为大、中、小三类。大型破碎机生产能力为 300 ~ 1 500 t/h；中型破碎机生产能力为 100 ~ 300 t/h；小型破碎机生产能力为 0 ~ 100 t/h。根据转子数量又可以划分为单转子破碎机（见图 6-7）和双转子破碎机（见图 6-8）。

图 6-6　层压式破碎机实物图

图 6-7　单转子砖碎机实物图

图 6-8　双转子破碎机实物图

### 6.3.2.2　颚式破碎机

颚式破碎机又称鄂破、颚式碎石机，主要用于对原材料的中碎和细碎，破碎方式为曲动挤压式，具有破碎比大、产品粒度均匀、结构简单、工作可靠、维护简便、运营费用经济等特点。广泛运用于矿山、冶炼、建材、公路、水利和化学工业等众多部门，破碎抗压强度不超过 320 MPa 的各种物料。颚式破碎机的特点如下：

①该破碎机破碎比大，产品粒度均匀。

②垫片式排料口调整装置，可靠方便，调节范围大，增加了设备的灵活性。

③结构简单，工作可靠，运营费用低。

颚式破碎机广泛运用于矿山、冶炼、建材、公路、铁路、水利和化学工业等众多领域，破碎抗强度不超过 320 MPa 的各种物料，是初级破碎的首选设备。颚式破碎机设备组成及工作原理如下：

（1）颚破总成工作原理。

该系列破碎机破碎方式为曲动挤压型。电动机驱动皮带和皮带轮，通过偏心轴使动颚上下运动，当动颚上升时肘板和动鄂间夹角变大，从而推动动颚板向定颚板接近，与此同时物料被压碎或碾、搓达到破碎目的，当动颚下降时，肘板与动颚间夹角变小，动频板在拉杆、弹簧的作用下离开定颚板，此已破碎物料从破碎腔下口排出。随着电动机连续转动而破碎机动颚周期性的压碎和排泄物料，进而实现批量生产（见图 6-9）。

（2）动颚总成。

①工作原理。动颚总成由安装在两边的主轴承支撑。当动颚皮带轮转动时带动主轴转动，主轴的中心转动部位有两条偏心的中心线。当主轴沿主中心线转动

时，偏心中心线带动动颚作前后及上下的复合运动。当动颚与定颚之间的距离最小时完成破碎工作，当动颚与定颚距离最大时完成排料工作。

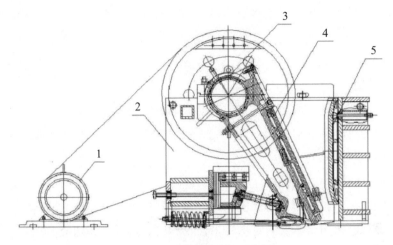

图6-9 颚式破碎机示意图

1.驱动部分；2.壳体部分；3.转子部分；4.动颚部分；5.定颚部分

②组成。动颚由主轴、支承轴承、动颚轴承、动颚体、动颚板、皮带轮、惯性轮等组成。

③系统作用。动颚总成是颚破破碎物料的部件，它要有良好的强度和刚度。动颚板要有良好的耐磨性。支承轴承和动颚体轴承部位要有良好的密封性。由于支承轴承和动颚体轴承在颚破的内部安装，极易进入灰尘。如果密封不好进入灰尘，会极大地降低轴承的使用寿命。

（3）壳体。

①工作原理。壳体是支撑动颚总承和定颚板的部件，它要有足够的强度和刚度，以保证整机的运转平稳可靠。

②组成。壳体是一个完整的焊接组件或整体的铸钢件。

③系统作用。壳体是颚破的主要支承部件。由于颚破工作时的振动大，所以壳体必须有足够的强度和刚度，如果壳体的强度不够，颚破在运转的过程中就会发生变形的现象，影响破碎机的工作。

（4）驱动系统。

①工作原理。主机产生的动能通过电动机皮带轮由三角带传递给破碎机的大皮带轮。大皮带轮带动整个转子做圆周运动，从而达到连续运转破碎的目的。

②组成。驱动系统由电动机皮带轮、传动皮带、大皮带轮组成。

③系统作用。驱动系统的功能是把主电动机的动能传递给破碎机。大小皮带轮要用优质的铸铁件生产，以保证长时间的使用而不会变形。在结构上要保证小皮带轮有尽可能大的包角，这样小皮带轮传动效率才能更高。如果驱动系统的大小皮带轮材质不好，就会造成三角带槽的变形进而产生传动带脱落的现象，造成破碎机的停机。

（5）耐磨件系统。

①工作原理。颚破的动颚板安装在动颚体上，定颚板安装在壳体上。动颚板随着动颚体的复合运动与定颚板之间的间距呈现由大变小然后由小变大的变化，从而完成破碎和排料的作业。

②组成。耐磨件由动颚板和定颚板组成。

③系统作用。颚破是靠动颚板和定颚板的互相挤压而完成破碎作业的。在破碎的过程中动颚板和定颚板同时承受来自物料的正向压力和切向摩擦力。这就要求动颚板既要有足够的表面硬度也要有足够的内部韧性。如果动、定颚板的表面硬度太小就会很快损坏，如果内部的韧性太小就会发生断裂的现象。

### 6.3.2.3　DPF建筑垃圾专用破碎机

DPF建筑垃圾专用破碎机是国内一款具有钢筋切除装置的建筑垃圾专用破碎机，主机不会堵塞，再生骨料粒型好，变三级破碎为单段破碎，同档机型中性价比更高，是最佳的建筑垃圾破碎设备。郑州鼎盛公司在DPX单段细碎机的基础上，经过多次优化、改良推出了DPF系列建筑垃圾专用破碎机。该破碎机为单段破碎机，也是目前国内一款带有钢筋剪切装置的建筑垃圾专用破碎机。它"吃"下去的是砖头、混凝土块之类的建筑垃圾，"吐"出来的却是可以替代天然砂石的再生建筑骨料，像"剪刀"一样可以把建筑垃圾中的钢筋剪断，几乎不会出现过转子被钢筋缠绕的现象，不堵塞主机。

（1）破碎机总成工作原理。

原矿通过给料设备喂入破碎机的进料口后，堆放在机体内特设的中间托架上。锤头在中间托架的间隙中运行，将大块物连续击碎并使其坠落，坠落的小块被高速运转的锤头打击到后反击板而发生细碎，再下落至均整区。锤头在均整区将物料进一步细碎化后，物料排出。同时，在均整区的衬板上设计有退钢筋的凹槽，物料中混有的钢筋在经过这些凹槽后被排出。均整板到锤头的距离是可以调整的，距离越小，出料粒度越小，反之，出料粒度就越大。

（2）破碎机转子总成（见图6-10）。

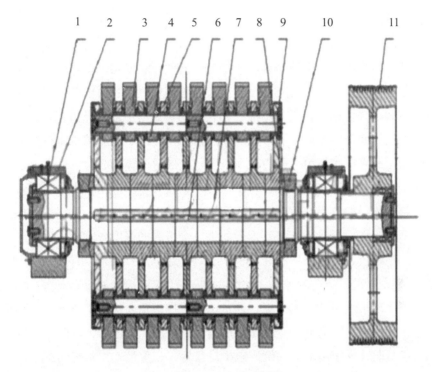

图 6-10 转子示意图

1.轴承；2.轴承座；3.锤头；4.锤轴；5.锤盘；6.主轴键；7.主轴；8.端套；9.端盘；

10.卡箍；11.皮带轮

①转子工作原理。转子由安装在主轴两边的主轴承支承，由大皮带轮接受三角带传递过来的动力，使整个转子体产生转动。在启动的初期，锤头随着转子转动且锤头本身也做360°的自转。随着转子转速的加大，锤头的离心力也不断增大，当达到一定值时锤头完全张开进入工作状态。当物料从进料口下落到锤头的工作范围后，锤头开始破碎作业。破碎后的小块物料进入第二破碎腔进行二次破碎，破碎后的合格物料排出机外。当遇到特大块的物料时，锤头一次破碎不完全，这时锤头就会自动转动并"藏"到锤盘里，从而达到保护锤头和电机的作用。

②转子总成组成。转子主轴、皮带轮、主轴承、轴承座、锤盘、锤头、锤轴等组成。

③系统作用。整个转子系统可以说是破碎机的心脏。一个好的转子它要具备良好的动平衡、高使用寿命的耐磨件和高寿命的主轴承。只有具备以上三个特点，才能充分保证破碎机的出料粒度、连续的运转性能。如果一个转子的动平衡不好、耐磨材料和主轴承寿命太短会直接影响到破碎机的运转和产量，造成维护成本升

高，检修频繁。

（3）壳体总成。

①壳体的工作原理。壳体是破碎机的支承部件。它承担着支承转子和承受破碎物料的任务。壳体内安装有高强度的衬板和破碎板。当物料由于转子锤头的撞击四处飞溅时，壳体内的衬板起到破碎和收集物料的作用。机壳内有粗破碎腔和细碎腔，经过这两个腔的破碎和细碎后，合格的物料经下部的排料箅板排出。

②组成。破碎机壳体由上机壳、下机壳、内部衬板等组成。

③系统作用。机壳在破碎机里有支承转子、破碎物料两个作用。机壳要具有良好的焊接性能，要有足够大的强度和刚度，足够小的内应力。这样才能保证破碎机长时间的工作而自身不产生变形。如果一个机壳的强度或刚度不够，会在破碎机长时间的运转过程中产生变性、焊缝开裂等现象，造成破碎机无法正常工作。

（4）驱动系统。

①工作原理。主机产生的动能，通过电动机皮带轮由三角带传递给破碎机的大皮带轮。大皮带轮带动整个转子做圆周运动。从而达到连续运转破碎的目的。

②组成。驱动系统由主电动机、电机皮带轮、三角带、大皮带轮组成。

③系统作用。驱动系统的功能是把电动机的动能传递给破碎机。大小皮带轮要用优质的铸铁件生产，以保证长时间的使用不会变形。在结构上要保证小皮带轮有尽可能大的包角，这样小皮带轮传动效率才能更高。如果驱动系统的大小皮带轮材质不好，就会造成三角带槽的变形进而产生传动带脱落的现象，造成破碎机的停机。

（5）耐磨件系统。

①工作原理。冲击类破碎机是靠锤头对物料的冲击使物料产生动能，然后撞击到机腔内的破碎板上而产生破碎的。

②组成。耐磨件系统由锤头、衬板、箅板等组成。

③系统作用。破碎机对物料的破碎是依靠耐磨件来完成的。耐磨件在工作时同时承受着物料对它的冲击和磨损，因此要求耐磨件要有足够的表面硬度和内部韧性。这样才能减少破碎机的破碎成本，提高破碎机的运转率。

（6）液压系统（见图6-11）。

①工作原理。在破碎机的机壳外部和上机壳外侧安装有液压缸。当启动油泵电动机时，液压油推动液压缸工作，完成锤轴的抽出工作和启盖工作。

②组成。液压系统由油泵、输油管道、液压缸、钢结构支架组成。

③系统作用。液压系统在破碎机中是个辅助系统，是专门为了方便检修而设计的。液压系统要求有良好的密封性。如果出现漏油现象就不能完全把锤轴抽出，也会提高生产成本。

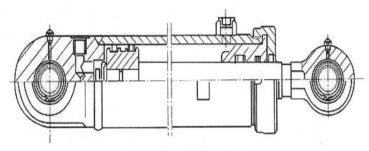

图 6-11　起盖油缸示意图

#### 6.3.2.4　反击式破碎机

PF 系列反击式破碎机（反击破）是郑州鼎盛工程技术有限公司在吸收国内外先进技术，结合国内砂石行业具体工况条件而研制的最新一代反击破。它采用最新的制造技术，独特的结构设计，加工成品呈立方体，无张力和裂缝，粒形相当好，其排料粒度大小可以调节，破碎规格多样化。本机的结构合理，应用广泛，生产效率高，操作和保养简单，并具有良好的安全性能。

本系列反击破与锤式破碎机相比，能更充分地利用整个转子的高速冲击能量。但由于反击破板锤极易磨损，它在硬物料破碎的应用上也受到限制，反击破通常用来粗碎、中碎或细碎石灰石、煤、电石、石英、白云石、硫化铁矿石、石膏等中硬以下的脆性物料。

（1）反击破总成（图 6-12）。

①工作原理。反击式破碎机是一种利用冲击能来破碎物料的破碎机械。当物料进入板锤作用区时，受到板锤的高速冲击使被破碎物不断被抛向安装在转子上方的反击装置上破碎，然后又从反击衬板弹回到板锤作用区重新被反击，物料由大到小进入一、二、三反击腔重复进行破碎，直到物料被破碎至所需粒度，由机器下部排出为止。调整反击架与转子架之间的间隙可达到改变物料出料粒度和物料形状的目的。

②组成。反击破总成由转子部件、机架、反击架组成。转子架采用钢板焊接而成，板锤被固定在正确的位置，轴向限位装置能有效地防止板锤窜动。板锤采用高耐磨材料制成。整个转子具有良好的动静平衡性和耐冲击性。机架有底座、中箱架、后上盖。这三部分由坚固、抗扭曲的箱形焊接结构件组成，彼此用高强

度螺栓连接。为保证安全可靠地更换易损件，铰链式机架盖可用棘轮装置启闭。建议用户在机架上放置起吊装置，这将有助于更为快捷地打开上机架以更换易损件或检修设备。机架两侧均设有检修门。本机装有前、后两个反击架，均采用自重式悬挂结构。每一反击架被单独地支撑在破碎机机架上。破碎机工作时，反击架靠自重保持其正常工作位置；过铁时，反击架迅速抬起，异物排除后，又重新返回原处。反击架与转子之间的间隙可通过悬挂螺栓进行调整。反击衬板可以从磨损较大的地方更换到磨损较小的地方。

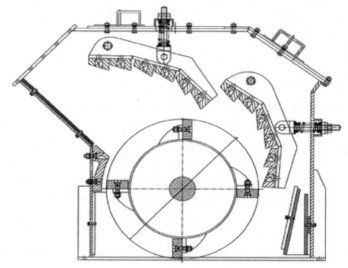

图 6-12　反击式破碎机示意图

③传动部分。传动部分采用高效窄 V 形三角皮带传动。与主轴配合的皮带轮采用锥套连接，既增强结合面承载能力，又便于装拆。转子的转速可通过更换槽轮来调整。

（2）壳体总成。

反击破由前、后反击架、反击衬板、主轴、转子等部分组成。壳体是破碎机的支承部件，要有足够的强度。壳体不能产生变形或开裂现象，在壳体内部不能存在内应力，如果存在内应力且壳体强度不够，会在破碎运行过程中产生整机的变形，造成破碎机的停机，严重时会造成破碎机的报废（见图 6-13）。

（3）驱动系统。

工作原理、组成、系统作用与上文所述"DPF 建筑垃圾专用破碎机驱动系统"同。

（4）转子部分。

工作原理、组成、系统作用与上文所述"DPF建筑垃圾专用破碎机转子部分"同。

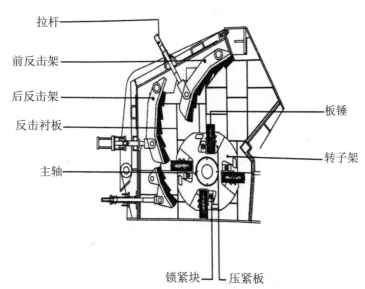

拉杆

前反击架

后反击架

反击衬板

主轴

板锤

转子架

锁紧块　压紧板

图 6-13　反击式破碎机内部结构示意图

（5）耐磨件系统。

板锤是破碎机耐磨备件的核心零件，要有足够的强度和表面硬度，如果板锤没有足够的表面硬度，板锤在运行过程中就会很快损坏，造成破碎机的维护费用升高。如果板锤的韧性不够，板锤就会断裂，造成破碎机设备事故。

（6）液压系统。

液压缸是用于机器的起盖装置，液压缸不能有漏油现象。如果液压缸有漏油现象，就会造成维护成本的升高及液压缸工作无力，不能完成抽轴作业及启盖作业。

## 6.3.2.5　冲击式破碎机

冲击式破碎机，简称冲击破，又称制砂机，立式冲击破碎机由进料、分料器、涡动破碎腔、叶轮、主轴总成、底座传动装置及电机等七部分组成。

（1）冲击式破碎机的设备特点。

①结构简单合理、自击式破碎，超低的使用费用。

②独特的轴承安装与先进的主轴设计，使本机具有重负荷和高速旋转的特点。

③具有细碎、粗磨功能。

④可靠性高、严密的安全保障装置，保证设备及人身安全。

⑤运转平稳、工作噪声小、高效节能、破碎效率高。

⑥受物料水分含量的影响小，含水率可达 8% 左右。

⑦易损件损耗低，所有易损件均采用国内外优质的耐磨材料，使用寿命长，少量易磨损件用特硬耐磨材质制成，体积小、重量轻、便于更换配件。

⑧涡流腔内部气流自循环，粉尘污染小。

⑨叶轮及涡动破碎腔内的物料自衬大幅度减少磨损件费用和维修工作量，生产过程中，石料能形成保护底层，机身无磨损，经久耐用。

⑩安装方式多样，可移动式安装。

（2）冲击式破碎机的工作原理。

该设备运转原理，可简单阐述为石打石的原理。让石子在自然下落过程中与经过叶轮加速甩出来的石子相互碰撞，从而达到破碎的目的。而被加速甩出的石子与自然下落的石子冲撞时又形成一个涡流，返回过程中又进行二次破碎，所以在运行过程中对机器反击板的磨损是很少的。

石料由机器上部直接落入高速旋转的转盘，在高速离心力的作用下，与另一部分以伞形方式分流在转盘四周的靶石产生高速度的撞击与高密度的粉碎，石料在互相打击后，又会在转盘和机壳之间形成涡流运动而造成多次的互相打击、摩擦、粉碎，从下部直通排出。形成闭路多次循环，由筛分设备控制达到所要求的粒度。

河南黎明重工立轴冲击式破碎机，电机带动轴承筒传动部分主轴作高速旋转，同时转子随主轴做高速旋转运动，进入叶轮内部物料被叶轮加速后喷射到破碎腔，与破碎腔内形成的料衬物料相互撞击、磋磨，将物料加速后获得动能转化为破碎或者整形物料所需要能量，在破碎腔内循环多次的物料在周围气体涡流的作用下经过多次破碎整形，从而实现物料的连续破碎整形，从机体下部排出形成所需成品物料，此破碎方式为"石打石"，该模式主要应用于石料的整形破碎。另外本设备还配备了"石打铁"破碎方式，与石打石不同的是，物料从转子喷射出来之后与破碎腔内安装的反击块进行撞击，将物料加速获得能量转化为与反击块碰撞破碎所需要能量，撞击之后物料直接从机体下部排出，无法实现在破碎腔的多次循环破碎，这种破碎方式主要适用于以破碎为主（提供大破碎比为目的）工作场合。

### 6.3.2.6 固定式建筑垃圾生产线

（1）传统建筑垃圾生产线。传统建筑垃圾生产线系统以鄂破、反击破配置为主，配以相应的除铁除土设备。

（2）单段式建筑垃圾生产线。郑州鼎盛工程技术有限公司专利产品——单段反击式锤破，其具有进料比大、破碎比大、产量大、功率低等优点，只用一台主机就可以替代传统模式破碎机，简化工艺流程，变多级破碎为一级破碎，成本降低 26%，产量增加 12%。

（3）固定式建筑垃圾生产线优点。厂区规划科学、形象好；用水、用电方便；粉尘可以得到很好的治理；噪声污染可以得到很好的治理；原材料和再生骨料得到很好的储存。

（4）固定式建筑垃圾生产线缺点。基础建设投资大；施工周期长；不可移动作业，对原料开采局限性大；人工成本高；环保投入大。

### 6.3.2.7　移动式建筑垃圾生产线

（1）轮胎式移动破碎站（见图 6-14）。

图 6-14　轮胎式移动破碎站

轮胎式系列移动破碎站是郑州鼎盛工程技术有限公司开发的系列化新颖的岩石破碎设备，大大拓展了粗碎、细碎作业领域。把消除破碎场地、环境、繁杂基础配置等带给客户破碎作业的障碍作为首要问题，真正为客户提供简捷、高效、低成本的项目运营硬件设施。

轮胎式系列移动破碎站具有以下性能特点：移动性强；一体化整套机组；降低物料运输成本；组合灵活，适性强；作业直接有效。

一体化机组设备安装形式，消除了分体组件的繁杂场地基础设施安装作业，降低了物料消耗、减少了工时。

（2）履带式移动破碎站。

履带式移动破碎站采用液压驱动的方式，该技术先进，功能齐全，在任何地形条件下，此设备均可到达工作场地的任意位置，达到国际同类产品水平。采用无线遥控操纵，可以非常容易地把破碎机开到拖车上，并将其运送至作业地点。无需装配时间，设备一到作业场地即可投入工作。

履带式移动破碎站性能特点：

①噪声小，油耗低，真正实现了经济、环保。

②整机采用全轮驱动，可实现原地转向，具有完善的安全保护功能，特别适用于场地狭窄、复杂区域。运输方便，履带行走不损伤路面，配备多功能属性，适应范围广。

③底盘采用履带式全刚性船型结构，强度高，接地比压低，通过性好，对山地、湿地有很好的适应性。

④集机、电、液一体化的典型多功能工程机械产品。其结构紧凑、整机外形尺寸有大中小不同型号。

⑤一体化成组作业方式，消除了分体组件的繁杂场地基础设施及辅助设施安装作业，降低了物料、工时消耗。机组合理紧凑的空间布局，最大限度地优化了设施配置在场地驻扎的空间，拓展了物料堆垛、转运的空间。

⑥机动性好，履带式系列移动破碎站更便于在破碎厂区崎岖恶劣的道路环境中行驶。为快捷地进驻工地节省了时间。更有利于进驻施工合理区域，为整体破碎流程提供了更加灵活的作业空间

⑦降低物料的运输费用。履带式系列移动破碎站，本着物料"接近处理"的原则，能够对物料进行第一线的现场破碎，免除了物料运离现场再破碎处理的中间环节，极大降低了物料的运输费用。

⑧作业作用直接有效。一体化履带系列移动破碎站，可以独立使用，也可以针对客户对流程中的物料类型、产品要求，提供更加灵活的工艺方案配置，满足用户移动破碎、移动筛分等各种要求，使生成组织、物流转运更加直接有效，最大化地降低成本。

⑨适应性强，配置灵活。履带式系列移动破碎站，为客户提供了简捷、低成本的特色组合机组配置，针对粗碎、细碎筛分系统，可以单机组独立作业，也可

以灵活组成系统配置机组联合作业。料斗侧出为筛分物料输送方式提供了多样配置的灵活性，一体化机组配置中的柴油发电机除给本机组供电外，还可以有针对性地给流程系统配置机组联合供电。

⑩性能可靠，维修方便。履带式系列移动破碎站，配置的 PE 系列、PP 系列、HP 系列、PV 系列破碎机，高破碎效率，多功能性、优良的破碎产品质量，具有轻巧合理的结构设计、卓越的破碎性能、可靠稳定的质量保证，最大限度地满足粗、中、细物料破碎筛分要求。

### 6.3.3　固体废料筛选设备

分选设备用于对破碎后的物料进行筛分，分选出制砖所需的合格骨料。常用的建筑垃圾分选设备有振动筛、风选机、磁选机、分选机器人等设备。

#### 6.3.3.1　振动筛分喂料机

振动筛分喂料机是广泛用于冶金、选矿、建材、化工、煤炭、磨料等行业的破碎、筛分联合设备。可用于剔除天然的细料，为下道工序传送和筛分。振动筛分喂料机集筛分选料与传送喂料功能为一体，在激振装置的振动作用下可使振动和筛分功能得以最大限度地发挥，具有很好的经济性。

（1）工作原理。

ZSW 系列振动筛分喂料机主要由弹簧支架、给料槽、激振器、弹簧及电动机等组成。激振器是由两个成特定位置的偏心轴由齿轮啮合组成，装配时必须使两齿轮按标记相啮合，通过电动机驱动，使两偏心轴旋转，从而产生巨大的合成直线激振力，使机体在支承弹簧上做强制振动，物料则以此振动为主动力，在料槽上做滑动及抛掷运动，从而使物料前移达到给料的目的。当物料通过槽体上的筛条时，较小的料通过筛条间隙落下，可不经过下道破碎工序，起到了筛分的效果。

（2）用途。

粗碎破碎机前连续、均匀给料，在给料的同时可筛分细料，使破碎机能力增大；在工作过程中可把块状、颗粒状物料从储料仓中均匀、定时、连续地送入受料装置；在砂石生产线中为破碎机械连续均匀地喂料避免破碎机受料口的堵塞；可对物料进行粗筛分，其中的双筛分喂料机可以除去来料中的土和其他细小杂质。

（3）"除土、预筛分"三合一振动喂料机客户案例。

据不完全统计，已有数百台郑州鼎盛工程技术有限公司生产的振动筛分喂料机被用在砂石骨料生产线中，并先后出口到俄罗斯等 50 多个国家和地区（注：振动筛分喂料机颜色可根据客户要求进行生产）。

#### 6.3.3.2　胶带输送机

胶带输送机是砂石和建筑垃圾破碎生产线的必备设备，一条砂石生产线通常要用到 4 ~ 8 条胶带输送机。主要用于在砂石生产线中连接各级破碎设备、制砂设备、筛分设备，还广泛用于水泥、采矿、冶金、化工、铸造、建材等行业。胶带输送机又称皮带机、皮带输送机。胶带输送机可在环境温度 -40 ~ -20℃、输送物料的温度在 50℃以下使用。在工业生产中，皮带输送机可用作生产机械设备之间构成连续生产的纽带，以实现生产环节的连续性和自动化，提高生产率和减轻劳动强度。此外，由于胶带输送机所处位置不同，还常被业内分为主给料皮带机、筛分皮带机等。当然，胶带输送机还被用于移动式建筑垃圾破碎设备、移动筛分站、固定式建筑垃圾处理生产线中。

#### 6.3.3.3　YK 高效圆振动筛

YK 高效圆振动筛（如图 6-15 所示）是在参考了目前市场上先进机种和结构的基础上推出的新一代坐式圆振动筛，是破碎机的分级设备，主要用于矿山、化工、煤炭等建筑面料，碎石、采石、砂石等的分级，砂石的分类、筛选等。本类筛机具有外形新颖、性能可靠、噪声小、维修方便、技术参数合理、生产能力大等特点。

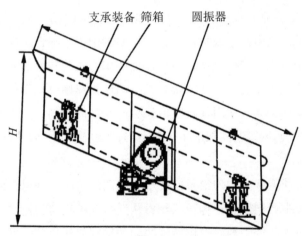

图 6-15　YK 高效圆振动筛示意图

（1）工作原理。

圆振动筛是一种最常见也是使用效果最好的筛分设备，尤其是在砂生产线中，该设备可用于对原料中的细小物料进行筛分，也可用于对一级破碎设备、二级破碎设备破碎后的物料进行筛分，经筛分后符合一定粒度要求的骨料则会被皮带机送到成品料堆。

在 YK 圆振动筛运行过程中，电动机通过轮胎式联轴器驱动激振器、偏心块高速度旋转产生强大的离心力，使筛箱做强制性、连续的圆运动，物料则随筛箱在倾斜的筛面上做连续的抛掷，不断地翻转和松散，细粒料有机会向料层下部移动并通过筛孔排出，卡在筛孔的物料可以跳出，防止筛孔堵塞，这样周而复始就完成了粒度的分级和筛选过程。

（2）性能特点。

郑州鼎盛公司生产的 YK 系列高效圆振动筛为国内新型机种，该机采用块偏心激振器及轮胎联轴器，具有结构先进、激振力强、振动噪声小、易于维修、坚固耐用等特点。经多条砂石生产线生产实践证明，该系列圆振动筛具有以下性能特点：

①通过调节激振力改变和控制流量，调节方便、稳定。

②振动平稳、工作可靠、寿命长。

③结构简单、质量轻、体积小、便于维护保养。

④可采用封闭式结构机身，防止粉尘污染。

⑤噪声低、耗电小，调节性能好，无冲料现象。

### 6.3.3.4　收尘器

收尘器是一种应用比较广泛的除尘设备。收尘器一般有袋式收尘器、脉冲袋式收尘器、电收尘器等。收尘器主要用途有两种，一种是除去空气中的粉尘，改善环境，减少污染，所以有时候又把这种用途的收尘设备叫作除尘设备；如工厂的尾气排放使用的收尘设备；另一种用途是通过收尘设备筛选收集粉状产品，如水泥系统对成品水泥的收集提取。

袋式收尘器以收尘风机带动含尘气体进入收尘器内部尘室，空气通过滤袋变洁净后由收尘风机排出，而粉尘则被阻止，吸附在滤袋的外表面，然后由脉冲阀控制向滤袋内部喷吹高压气体，将粉尘振落，进入集料斗，经过锁风下料装置（有星型卸料装置和翻板阀两种锁风装置，具体使用哪种视使用环境而定）排出。

### 6.3.3.5　轻物质分离器

"亚飞"轻物质分离器是郑州鼎盛工程技术有限公司研发的具有专利技术的产品，垃圾分离效率超过90%，超出同行轻物质分离率30%以上，创造了国内目前最好分离效果，在轻物质分离设备的创新方面取得重大突破。其特点如下：

①循环风设计可减少扬尘，提高设备效率。

②一次除杂率可达 90% 以上,并可多级串联,最大程度上保证除杂效果。

③保证建筑垃圾成品骨料的洁净度。

④设计理念先进。

⑤维修方便,电机消耗低。

"亚飞"轻物质分离器由于条件限制,一直被用在固定式建筑垃圾破碎、制砖生产线中,目前,郑州鼎盛工程技术有限公司已在"亚飞"轻物质分离器的基础上,成功研发出了风选式轻物质分离器,并成功应用在移动式建筑垃圾破碎生产线中。

### 6.3.4 黄河淤泥建筑垃圾及工业固废制砖设备

免烧砖机是结合当前国内外同类特点和市场需要设计制造的新型制砖设备。20 世纪 70 年代,我国引进俄罗斯的八孔转盘式灰砂砖机,利用河沙及少量粉煤灰加水泥或陈化后的白灰压制灰砂砖。该制砖机圆盘转动,每次只能压一块砖,产量低,压头刚性下压,大掺量使用工业废料粉煤灰时制品排气不足出现分层现象,不能满足国家墙改要求及符合当时国家产业政策。为了提高产量,弥补其排气不足制品容易分层的弊端,国内机械工程技术人员研制出每次压两块砖、三块砖甚至四块砖的曲轴式双曲柄机械压砖机,代表性的厂家有郑州的宏大机械及南昌机械。由于其特殊的预压缓冲上压头的设计及可调整下料深度。使其可胜任当时国家对大掺量使用粉煤灰做原材料制砖作为新型墙体材料的产业结构政策的要求得以实现。该种设备继承八孔转盘式压砖机的无需托板,直接码垛的优点,更以其机械运动的稳定及牢靠性,每分钟成型 15 ~ 17 次,保证了单台设备的产量及制品质量。因当时国家标准只有比较老的灰砂砖标准和烧结砖标准,而这种设备做出来的砖只能以这两个标准来检测。实际检测中从外形到质量都符合或超过当时的灰砂砖标准和烧结砖标准,根据这种砖成型后类似水泥构件的自然养护方式,不需要建窑不需要烧,于是这种"免烧砖"的叫法从此传开。

21 世纪,随着建材机械的发展,新型墙体材料设备已是百花齐放,2005 年至今,随着国家墙改政策的不断深入,新型墙材设备中的成型机的迅猛发展势头如万马奔腾,全国各路厂家纷纷介入这个新型行业。随着技术的不断改进与深入转化,成型机设备出现百家争鸣景象。国内成型机大致分为机械压制成型(代表作为曲轴双曲柄机械压制类及改进版的八孔转盘式压制类)、振动成型(代表作为砌块机改良模具后生产水泥砖的设备)、液压成型(代表作为引进国外或经国内改良的大型砌块成型机设备)等。表 6-1 为各种成型机的特点及应用范围,可供大家在选型时做简单的参考对比，不管其使用何种原材料及何种成型方式，这些设备做出来的砖都使用自然养护或者蒸压养护，所以民间还是俗称这种砖为"免烧砖"，自然而然地生产这种砖的设备也被称为"免烧砖机"。

表6-1　各种成型机的特点及应用范围

| 机型 | | 特点 | 应用范围 |
|---|---|---|---|
| 液压压砖机 | 大砖机 | 砖坯质量高，砖的性能优异，产量高，水泥用量少，自动化程度高，不易维修，价格高 | 粉煤灰，矿尾等细物料 |
| | 小砖机 | 制砖质量好，自动化程度略低，但价格低，产量低 | 适用于中小规模生产 |
| 机械压砖机 | 八孔机 | 成型快，产量高，易维护，但成坯质量不高，自动化程度低，水泥略高 | 各种原料均能适应，适用于中小企业规模化生产 |
| | 双曲柄连杆机 | 产量高，质量较好，易维护，水泥用量较少，但自动化程度低 | 各种原料均可，适用于中小企业规模化生产 |
| | 摩擦机 | 制砖质量较好，易维护，水泥用量少，但产量低，自动化程度低，安全性略差 | 各种原料均可，适用于对产量要求不高的中小企业 |
| 振动砖机 | 模振型 | 成型质量优于台振型但略差于其他压砖机，易维护，自动化程度高，不适合细物料 | 适用于粗物料及对产量要求较高者 |
| | 台振型 | 成型质量差但产量高，自动化程度高，易维护，不适合细物料 | 适用于粗物料及对质量要求不高者 |

### 6.3.4.1　液压压砖机

液压压砖机是通过液压传动从液压缸直接产生的压力来压制砖坯的成型设备。液压型免烧砖机是在陶瓷砖坯液压成型机的基础上，经改造和移植而逐步用于免烧砖生产的。它最早被用于免烧砖的生产，是始于灰砂砖，后来渐渐扩大到其他免烧砖品种，特别是粉煤灰免烧砖和矿尾砂免烧砖。近年，他在免烧砖行业的应用范围仍在不断扩大。

液压压砖机根据加压方式的不同分为液压静压式和液压振动式两种。液压振动式压砖机因加压方式为振动加压，压力小，砖的密实度不够，现已基本淘汰。

液压静压式液压压砖机因加压平稳，故障率低，而且可以设置多次排气，所以压制的成品具有外形尺寸标准，密实度高等优点。

液压压砖机由主机部分、液压部分、电气控制部分组成，其中主机是液压压砖机的重要组成部分之一，它包括框架、压制油缸、料车、顶出器、接近开关箱及安全机构等主要部件。国内外各公司的压机具体形式不完全相同，但基本上都包括了上述各机构。主机设计合理与否，直接影响到压机本身的使用寿命、故障率、砖坯的质量、生产率、能源消耗等问题。

按工作受力结构划分，现代液压压砖机的结构形式有传统的梁柱结构、套筒拉杆式梁柱结构、整体框板式结构（焊接式、铸钢式）、柔性框板式机架、预应力钢丝缠绕机架等5种结构。最常用的为三梁四柱式和板框组装式液压压砖机。

（1）传统的梁柱结构。

最具有代表性的常用类型为三梁四柱式，目前该技术研究组使用的试验机为该结构类型。该结构在1 000 t以下的压机为三梁二柱式，图6-16为三梁四柱框架结构示意图。如图6-16所示，压砖机的液压系统通过泵站17将电能转化成液压能，经液压系统各部件驱动主活塞4、布料装置18、顶砖装置23等部件。首先由布料装置将粉料均匀的填充在模腔内，然后由主活塞4带动动梁3上下往复运动，不断将模腔内的粉料压制成砖坯。排气装置21在砖压制的低压与中压之间，中压与高压之间，当油缸上腔卸压时，将动梁3微抬起，以满足压制工艺的要求。顶砖装置23通过拉杆、套筒与模具的模心相连，顶砖装置带动模心一次下降，构成容纳粉料的模腔，并在压制前两次下降、墩料，以减少扬尘，压制完成后将砖顶出。再由布料装置将压制成型的砖坯推出，完成一次压制过程。

在压制过程中，开关箱11通过接近开关，触发元件位置的调整，来控制动梁运动的上下限位。需要在压机动梁下工作（如擦模、换模）时，一定要将安全装置22拉起。安全装置中的安全杆能顶住动梁，并与电控系统连锁，确保工作者的安全。

（2）柔性框板式结构。

它是由前后两块轧制厚钢板制成的框板以及上、下托板（相当于上、下横梁的一部分）组成的，从压机前方看，框架具有良好的刚度，但从侧面看，刚度很差，若模具中粉料前后方向分布不均，压制时框架前后方向会产生很大的摆动，俗称点头。实际上这种微摆动是不可避免的。摆动时框板与上、下托板之间产生了相对的移动或局部微分离，所以在框板与托板之间共放置了八组强大的碟簧，以使压机卸荷时将它们回复到原始位置。所以这种框架又称柔性框架。这种框架，使用时要求粉料在前后方向分布均匀，以避免产生过大的摆动。

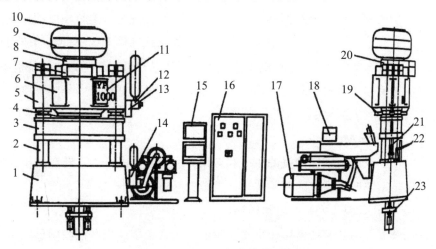

图 6-16　三梁四柱框架结构示意图

1.底座；2.立柱；3.动梁；4.主活塞；5.横梁；6.油缸；7.增压缸；8.阀组Ⅰ；9.充液罐；10.充液阀；11.开关箱；12.阀组Ⅱ；13.调速阀；14.阀组Ⅲ；15.控制柱；16.动力柜；17.泵站；18.布料装置；19.下法兰；20.上法兰；21.排气装置；22.安全装置；23.顶砖装置

框架的立柱实际是四条截面呈矩形的"杆"，所以该框架要设置单独的导向装置。

（3）焊接整体式框架。

其整体刚度很好。同样原因，这种框架也需设置单独的导向机构。当然，由于整体框架体积较大、机加工及热处理较为困难。

（4）套筒拉杆式框架结构。

这种框架的立柱其实是由拉杆及套在外部的套筒组成的。拉杆的两端穿过上、下梁的孔，用专用千斤顶将整条拉杆拉伸，并产生伸长变形，然后将大螺母拧紧，千斤顶卸荷后即可将预紧力施加于拉杆及套筒之间，这时拉杆受的预紧力为拉力，套筒承受的为压力，压力通过螺母压向上、下梁，再压向套筒。保证了工作时套筒与横梁间不产生分离，这种框架结构虽然有些复杂，但具有许多优点，拉杆的应力变化幅度远比前三种小。若设计得当，甚至接近于受静载荷，所以承受疲劳载荷的能力大为提高；拉杆的几何形状简单，加工制造简单；立柱在工作过程中拉伸变化量很小，也就是立柱的刚度大，这就提高了砖坯的质量，并节省能量。因此，在大、中吨位的压机采用此种结构的愈来愈多。

（5）预应力钢丝缠绕机架。

这种机架的上、下横梁、左右立柱由多层钢丝预紧成一个封闭机架，钢丝层采用了变张力缠绕以充分发挥钢丝的强度潜力。钢丝缠绕机架与传统的三梁四柱机架相比具有很多优点：它从根本上消除了主要承载部件上螺纹引起的应力集中现象；由于钢丝强度极高，而且钢丝层上由于工作载荷引起的压力波动是很小的，因此预应力钢丝缠绕机架具有很高的疲劳寿命；有效降低了应力集中程度，承载能力提高，可大大减轻框架重量。

### 6.3.4.2 机械压砖机

目前，在我国机械压砖机的生产和应用方面，八孔或十六孔转盘砖机最为广泛，其次是双曲柄连杆式的冲压砖机、少数的摩擦砖机。

（1）八孔（或十六孔）转盘压砖机。

八孔（或十六孔）转盘压砖机是我国的第一代免烧砖机，在我国已应用了几十年，最初，它主要用于灰砂砖的生产，后来，随着免烧砖的兴起，它逐渐以生产粉煤灰免烧砖和矿渣免烧砖为主。传统的转盘式压砖机由传动部件、曲轴部件、机座、抱闸、压砖机构、轨道、回转机构、模子、转盘、调料部件、喂料机构等组成。八孔盘砖机在吸收国内外同类机型优点的基础上推陈出新，可以利用粉煤灰、煤矸石、炉渣、冶炼渣和各种尾矿渣等工业废渣作主要原料。该机组生产线技术先进，设计合理，性能稳定，工艺可靠，压力大，运转平稳，生产效率高。该砖机从设计到数次改进后，通过用户实践证明，在成型过程中，先通过预压、后强压，所制作的产品密度大，压强高，各项指标达到了建材行业的标准。

八孔盘转式单向加压机械式压砖机，压砖机构为曲柄连杆机构，主要由减速传动机构、成型机构、调料机构、给料机构、润滑机构、电控系统组成。砖坯型腔八等份均布于回转盘上，回转盘在偏心拉杆的作用下沿中立轴作逆时针间歇旋转。减速传动机构、压制成型机构、调料机构、给料机构、转盘、轨道、回转机构、润滑系统、电控系统均固定在机座上。八孔盘免烧压砖机流程：上料机→搅拌机→皮带输送机→压砖机→砖坯→养护→成品→出厂。该套生产线方案技术可行，经济合理，无风险，投资小，见效快，经济效益可观，既解决了工业废渣占地问题，节省大量土地，又安排了劳动力，解决了社会人员就业问题。

砖机的工作部分是一个圆盘形的转盘，转盘不断间歇旋转而制出实心免烧砖。转盘式压砖机的转盘由传动机构和回转机构驱动，作逆时针间歇旋转。即旋转时在八个方位停顿，每个方位有一个模孔（八孔砖机）或两个模孔（十六孔砖机）

每次旋转一个方位（45°），转盘有四个工作方位分别进行装料、预压、压制、顶砖工作，现分述如下。

①填料。如图 6-17 所示，在转盘的 A 方位的上方是喂料机构，喂料机构的喂料桶的桶底有一方孔与转盘模孔相通，桶内有不断旋转的喂料刮板，将桶内的压砖坯料（从喂料机上方进入的）不断刮进模孔内，填满模腔（每个模孔中有一个模子，模子上部的模孔空间称为模腔），这个过程叫作填料，亦叫喂料、装料，是在转盘停顿时进行的。

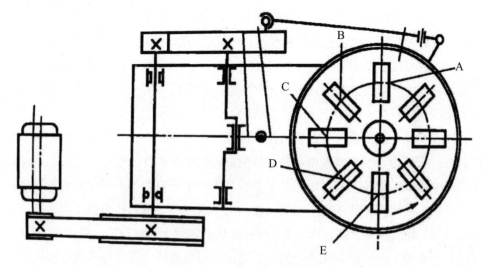

图 6-17 八孔压砖机结构示意图

②预压。填料后的模孔随转盘旋转，在从 B 旋转到 C 时，由于转盘一方有一个圆环形的轨道，B 到 C 方位的轨道高度是逐渐上升的，因此对该模孔中的模子进行顶升，而该方位的模孔上口是被承压部件封闭的，所以模腔中的坯料即被上升的模子压缩，这是由轨道顶起模子对砖坯的初步压制，称为预压，该过程是在转盘旋转中进行的。

③压制。坯料经过预压后的模孔到达 C 后，在该方位下部的压砖活塞被旋转的曲柄所驱动的压砖机构所顶起，面对模子加压顶，活塞运动到达顶点后，模孔中的坯料被最终压缩，成为砖坯，压制过程即结束，这个过程称为压制，或叫压砖，是在转盘停顿时进行的。

④顶砖。压砖完毕的模孔旋转，当其从 D 旋转到 E 时，该方位上的轨道高度也是逐渐上升的，因而顶起模子，从而将砖坯上顶，到达 E 时，砖被顶出转盘面，这个过程称为顶砖，是在转盘旋转中进行的，此时砖坯由人工取下装入小车，进

入下一工序。顶砖,则砖机连续不断工作。喂料机构也同时不断旋转喂料协同主机进行工作。

八孔盘免烧压砖机具有机结构合理、刚性强、压力大、长期耐用,操作维修方便,并具有压力显示、机械故障报警、电源相序保护、过载缺油自动停机、安装方便等特点。利用该设备及工艺技术,可变废 为宝、节能降耗、保护土地,具有显著的经济效益和社会效益。转动部分全部密封,压力供油,循环润滑,无需人工注油,使转动部分充分润滑,减少磨损,主要受压部分选用新型钢材,精细加工而成。能满足正常工作压力二倍以上的强度,加大三角带轮质量,增加转动惯性,加大曲轴齿轮直径和压杆长度,使旋转力矩增加,从而使该机压力大,耗油少,产量高。此系列免烧砖机,利用河沙、矿渣、尾砂、粉煤灰、煤矸石为主要原料,生产标准建筑用成重砖,还可以压制厚砖、耐火砖,利用该设备可变废为宝、保护环境、保护耕地、造福后代。

八孔盘免烧压砖机可压制以水泥、河沙、粉煤灰、炉渣、污泥、尾矿粉、淤泥、煤矸石等为原料生产新型墙体材料免烧砖的环保设备,它是目前自动制砖机生产线中主要的设备,它可以通过更换模具生产出不同种类不同规格的免烧砖。八孔盘砖机采用三轴变速轴承传动,省动力吸水性好,承重压力强,产量高,抗折强度好,稳定保险性好,压力大。转式免烧砖机用于压制河沙、粉煤灰、炉渣、尾矿、矸石等工业废渣为主要原料的标准建筑用承重砖,还可以压制水泥砖和耐火砖、免烧砖。利用该设备及工艺技术,可变废为宝、节能降耗、保护土地,具有明显的经济效益和社会效益。八孔盘免烧压砖机技术参数见表6-2。

表6-2 八孔盘免烧压砖机技术参数

| 压砖机型号 | PZ60-8A 型 | PZ100-8A 型 | PZ160-8A 型 | PZ200-8A 型 | PZ260-8A 型 |
|---|---|---|---|---|---|
| 生产能力<br>/块每小时 | 1 800 ~ 2 000 | 1 800 ~ 2 000 | 1 800 ~ 2 000 | 1 800 ~ 2 000 | 1 800 ~ 2 000 |
| 模孔数 / 个 | 8 | 8 | 8 | 8 | 8 |
| 砖坯规格<br>/mm | 240×115×53 | 240×115×53 | 240×115×53 | 240×115×53 | 240×115×53 |
| 总压力 /T | 60 | 100 | 160 | 200 | 260 |
| 主机功率<br>/kW | 15/6 | 15/6 | 15/6 | 15/6 | 15/6 |

续表

| 压砖机型号 | PZ60-8A 型 | PZ100-8A 型 | PZ160-8A 型 | PZ200-8A 型 | PZ260-8A 型 |
|---|---|---|---|---|---|
| 喂料机功率 /kW | 3/4 | 3/4 | 3/4 | 3/4 | 3/4 |
| 每次成型数 / 块 | 1 | 1 | 1 | 1 | 1 |
| 主轴转速 / (r·min$^{-1}$) | 33 | 33 | 33 | 33 | 33 |
| 回转盘转速 / (r·min$^{-1}$) | 4.12 | 4.12 | 4.12 | 4.12 | 4.12 |
| 外形尺寸 /mm | 3 020×1 858× 2 480 | 3 020×1 858× 2 480 | 3 020×1 858× 2 480 | 3 020×1 858× 2 500 | 3 020×1 858× 2 600 |
| 整机质量 /kg | 6 000 | 7 500 | 7 800 | 10 000 | 11 000 |

（2）双曲柄连杆压砖机。

①成型原理。双曲柄连杆式压砖机成型的基本原理，是依靠机身左右两侧的两个曲柄运动，带动压头的冲压，同时模具下的两组凸轮运动带动，顶出机构将砖坯顶出，或同时对物料顶压。因此，它的成型主要是靠电机带动曲柄和凸轮的运动来完成的。曲柄在电机的驱动下进行自上而下的圆周运动，当其向圆周的最低点运动时，就通过连接压头的连杆，带动压头下降，对模具里的物料施压，完成砖坯的动作。当曲柄从最低点向最高点运动时，又通过连杆驱动压头向上升起，回复原位，完成了一个加压循环。凸轮机构位于模具的最下方，共有两组。中心的一组凸轮在电机驱动下完成对模具中的物料施加动作，这一动作是与压头的下压动作同时的，可对物料两面施压。当凸轮的凸出部位上升到最高点时，就对物料顶压，当凸轮的部位下降到最低点时，它就恢复原位，完成一个顶压循环。左右凸轮主要承担砖坯顶出任务。当其凸出部位上升时，就产生顶升作用，将砖坯顶出，当其凸头部位下降时，就恢复原位，完成了一个顶出砖坯的循环。

②技术特点。主要优点：它的总体性能在机械制砖机中是较好的，优于八孔转盘压砖机和摩擦压砖机，主要体现在产量高于八孔转盘压砖机和摩擦压砖机，也高于一般的中小型液压压砖机，制砖质量优于单面加压的八孔转盘制砖机。目前，大多数双曲柄连杆式压砖机均采用了双面两次加压，砖的密实度较高，排气

较好，不宜分层；结构简单，易于维护和使用，方便操作，适合于工人素质不是太高的中小企业及个人使用，维护费用相对偏低；制造成本低，价格低，有着比较理想的性价比。主要缺点：产量仍达不到大型规模化生产的要求，在产量方面仍然低于大型液压压砖机和振动砖机，属于中等产量机型；制砖质量仍不如液压压砖机。它虽然双面加压，但压力较小，特别是顶压力，单靠凸轮的预压力是不理想的，远不如液压压砖机的液压顶压；自动化程度较低，机械传动特点不如液压传动。

（3）摩擦压砖机。

摩擦压砖机也是机械砖机的代表机型之一。这种机型因加压机构的运动方式而得名。当加压螺旋顶端的飞轮与左边或右边的主动回转盘接触时，由于二者间的摩擦，即可带动螺杆旋转，从而使螺杆下端的滑块上升或下降。它在我国的应用已有几十年，是最早的压砖机型。在液压压砖机没有兴起之前，由于摩擦砖机成型能基本满足技术要求，且价格很低，获得了较大的发展。近年，由于液压压砖机获得越来越广泛的应用，取代了相当部分摩擦砖机，使之应用受到影响而锐减，但在中小型免烧砖企业仍然应用，成为仅次于双曲柄连杆压砖机的第三大机械压砖机，它因可以双面多次加压且价格便宜，迎合了中小型投资者的需求，而在这些企业中受到欢迎。大体来看，它属于中等档次的免烧机，综合性能略次于双曲柄连杆式，但在成型质量上优于双曲柄连杆式砖机及八孔转盘压砖机，有一定应用价值。

摩擦压砖机的构造与工作原理如下：

①构造。摩擦压砖机的种类很多，构造方面也有区别。普通摩擦压砖机由电动机通过三角皮带、皮带轮、摩擦盘带动飞轮回转，并使丝杠作回转和上下移动。丝杠的下端与滑块相连，并在滑块内作自由转动。丝杠转动时，带动滑块沿机身两侧的导轨作上下移动，完成压砖和出砖的动作。由人工掌握操纵杆，通过杠杆机构将力传递到拨杈，迫使横轴连同摩擦盘一起向左或向右移动，以改变飞轮的回转方向。

出砖机构的作用是将已压制好的砖坯推出砖模。它由连杆、托架、顶砖杆等组成。两根连杆的上端连在滑块上，其下端紧固在顶砖托架上，连杆自由地穿过压砖机底座上的孔。在底座内设有导筒，上粗下细的顶砖杆装入导筒内。顶砖杆的下方正对着顶砖托架上的通孔，在通孔上设有手动或气动、液动的盖板。当不需要出砖时，托架上的通孔未被盖板盖住，顶砖杆可以自由通过此通孔，此时顶砖杆在导筒内的相对位置不变，砖坯不致被顶出。当需要出砖时，通过操纵机构（或人工）将盖板转至托架的通孔位置盖好，当滑块通过连杆带动顶砖托架上升到一定位置时，由托架上的盖板推动顶砖杆向上移动，顶砖杆经底模板将压制好的砖坯顶出砖模。

②工作原理。在横轴上装有两个摩擦盘，它们转向相同，转速相等。两摩擦盘之间有一飞轮（摩擦轮），它水平安装在丝杠的顶端。当丝杠系统操纵横轴移动时，会出现两摩擦盘均不与飞轮接触或仅有一盘与飞轮接触的情况。前者飞轮不转动；后者，当左摩擦盘压向飞轮时，飞轮作逆时针转动；当右摩擦盘压向飞轮时，飞轮作顺时针转动。由于飞轮转向不同，飞轮带动丝杠在大螺母中运动的方向也不相同。在丝杠的下部装有滑块与冲头，冲头向上移动可完成顶出制品和加料的工作；当冲头向下移动时，则完成压制工作。

摩擦盘的转向和转速是不变的。由于飞轮与摩擦盘的接触位置改变，所以飞轮的回转速度和冲头上下移动的速度也发生改变。

冲头在作向下运动时，下移速度越来越快，压制的冲击力增大，由此压出的制品比较紧密，并且具有完整的外形；冲头在作向上运动时，上移速度越来越慢，这有利于排出被压缩的气体，不致产生压制缺陷。

（4）振动制砖机。

振动制砖机是在空心砌块成型机的基础上发展起来的，虽然在技术参数上与砌块机有一些差别，但其成型基本原理、主体结构、外观形貌等，仍与砌块机基本相同，没有根本性的变化。它只是把砌块的模箱变成免烧砖的模箱，同时变化了一下成型参数而已，严格地讲，它仍是砌块机。

由于振动式制砖机本来是生产空心砌块的，因此，特别适合于生产空心砖，因为空心砖与空心砌块有结构上的相似之处，因而成型工艺与成型机可以通用。严格地讲，空心砖是微型空心砌块。正是因为这个原因，目前，此类振动砖机大多都可用来生产免烧空心砖。当然，调整配方和成型技术参数后也可以生产实心砖。

①主要类型。振动砖机按传动方式的不同分为液压传动型与机械传动型两种。

a. 液压传动型。目前，我国的振动砖机大多为液压传动。这种机型设备的主体传动为液压机构，其液压装置可完成上模头升降动作、脱模动作、布料动作、坯体推出动作等各种成型动作，即成型机的大部分动作均是靠液压来完成的。在这里，液压的主要任务是完成各种成型动作，其次也有通过上模头对物料施压的作用，但这种施压作用不大，太大的压力将会抑制振动，反而降低成型效果。因此，其液压施压只是辅助激振力成型，不是主要成型作用力。所以，它的压力一般只有 0.03 ~ 0.15 MPa，与静压型液压压砖机 18 ~ 20 MPa 的成型压力相比，显然是很低的。因此，它虽然是液压传动，但却不是真正意义上的液压压砖机，仍属于液压传动型振动砖机。

b. 机械传动型。它的传动装置所完成的成型动作为模头升降、脱模、布料、坯体推出等。同样，除完成成型动作之外，它也通过上模头，对物料产生加压作用，协助振动，共同完成砖坯的成型，但压力也很小，一般不超过 0.1 MPa，只起辅助作用。所以这种机型虽然也对物料加压，但不能称为压砖机，仍为机械型振动砖机。这种机械传动砖机一般为中小型，特别是小型居多，大型砖机一般不采用机械传动而采用液压传动。

制砖机按振动方式又分为台振式和模振式两种。

a. 模振型。它的振动器安装在模箱两侧，直接将振动力传给物料，使物料在模箱内振动密实而成为坯体。它的激振力很强，配套的振动功率较高。因此，它很快可以密实成坯，成型周期一般小于 10s，生产速度快、制品密实度好、强度好。在保持相同强度时，它的水泥用量少，制砖成本低。所以，这种砖机特别适合生产高强度的免烧砖。模振型振动砖机的模箱较小，每次成型标砖一般不超过 20 块，每次成型数量少。但由于它成型速度快，产量并不低。由于这种砖机的振动器直接安装在模箱上，对模箱的损伤是严重的。因此，它对模箱的质量要求很高，材料要好，加工要精良，刚度要特别好，应能经得起长期振动力的考验。所以，这种砖机的模具构造复杂，加工难度大，造价较高，但使用寿命较长。这种成型机一般采用下脱模的方式，配用钢底板，砖坯成型在钢底板上。模箱装设可更换的衬板和隔板，配以不同的衬板和隔板，可以方便地改变产品的规格和形状。

b. 台振型。这种机型的振动器不是安装在模箱上，而是安装在振动台上和压头上，以振动台振动为主，压头振动为辅，二者共同作用，压头既有压力又有振动力。成型时，模箱落在振动台上，由振动台将振动力传给模箱，再由模箱将振动力传给物料，压头则在施压的同时辅助振动，对砖坯的上表面施压。由于这种成型机采用台振，要求振动台大一些，以承载更大的激振力。因此，它一般采用大模箱，以与台板相适应。它一次可以成型 30 ~ 50 块标砖，每次成型的块数很多。但由于它的振动力不是直接作用于物料，要通过台板、模箱的多重传送，因此，物料密实慢一些。再加上它的振动功率较小，太大时台板弹跳难以操作。因此，它的物料受振力总体是偏低的。在这种情况的制约下，它成型时间较长，一般在 20 s 左右，比模振式长 1 倍。但由于它的每次成型数量大，弥补了它的成型速度慢的不足，因此产量也很高。因为激振力较小，本机型只适合生产中低标号的免烧砖（8～12 MPa），而不能生产高标号免烧砖（15～20 MPa）。同时，它的胶凝材料如水泥的用量较大，砖的成本偏高。

台振式成型机由于模箱不直接受力，其刚度也就不要求过高，加工比较容易，制造成本低，模箱的构造也比较简单。然而当模箱损坏时，一般不能修复再用，使用寿命较短。这种砖机采用上脱模方式，配用木底板，木底板上成型砖坯。成型后，砖坯连同底模一同静停养护。因此，它的底板造价低于模振，底板投资较低。

②成型原理。前述的液压压砖机，双曲柄连杆砖机，八孔转盘砖机，摩擦砖机，均是依靠压头的压力来成型坯体的，故名"压砖机"，其核心是"压"。振动砖机与上述压砖机的根本区别，在于它不是依靠压头的压力，而主要依靠模箱或振动台的振动来成型坯体的，故名"振动砖机"，其核心是"振"。

目前，大多数振动砖机均采用液压传动，少数采用机械传动（如双曲柄连杆）。不论液压传动还是机械传动，其传动的主要目的不是施压，而是升降成型装置，完成脱模动作、布料、传送成品等。其液压作用和机械作用不是成型砖坯的主要作用力，其成型的主要作用力是"激振力"，这一激振力来自于激振器即振动电机。振动砖机上均安装有功能强劲的多台激振器，免烧砖主要靠它来振动密实。因此，液压传动的振动砖机与液压压砖机是完全不同的，绝不是一个概念，也不属于一种砖机。同理，机械传动的振动砖机也不同于机械压砖机。

然而，许多投资者由于缺乏专业知识，错误地把液压传动振动砖机和液压压砖机混为一谈，认为液压振动砖机就是液压压砖机，结果不少人选错了机型，造成了巨大的经济损失和困难。液压振动砖机虽有液压上模头，其液压缸是很小的，压力也相应很低，国产机一般压力值为 0.05～0.12 MPa，是无法单独完成对砖坯的压实成型的。其压头上的液压作用力仅只是一个辅助成型力。特别是要压住模腔内的物料不使之在激振时溢出模箱，其次是辅助激振共同成型。因此，液压振动砖机的主要成型作用力仍然是激振力而非液压力。

# 6.4　生态砌块前景分析

从中国免烧砖瓦机械行业的资料统计结果来看，虽然国家提出"免烧砖"这个项目已经有近二十个年头了，但真正被大家开始认识和了解还是从 2006 年的上半年。2006 年上半年全国各地迅速开了非常多的免烧砖厂，小到几个人的小作坊式砖厂，大到全部现代化生产的大型砖厂。设备投资从几千元到上千万不等。用免烧砖来代替黏土砖这是大势所趋，但毕竟它还需要一个过程。2006 年下半年一些黏土砖厂又重新开张，很大程度上冲击上免烧砖厂，当然其中一个重点就是现在很多老百姓包括建筑施工单位和相关的政府机关的负责人都还没有真正地了解和认识免烧砖。当然也存在很多免烧砖厂设备落后、不懂技术、产品质量不达标，进而影响了免烧砖的发展。利用黄河淤泥、工程挖方为主要原料，适当添加建筑垃圾粉、粉煤灰、煤渣、煤矸石、尾矿渣、化工渣或者天然砂、海涂泥等（以上原料的一种或数种）作为主要原料，不经高温煅烧而制造的一种工程材料称之为生态砌块，也属于免烧砖范畴。这种方法生产的生态砌块，可用于制作河道护坡、生态护坡砖、挡土墙，广场砖、透水砖、气候砖、路缘石、标准砖、砌块等。该产品符合中国"保护农田、节约能源、因地制宜、就地取材"的发展建材总方针，符合国务院转发"严格限制毁田烧砖积极推动墙体改革的意见"，符合国家财政部国家税务总局曾发布的财税字〔1996〕20 号文件"关于继续对部分资源综合利用产品等实行增值税优惠政策的通知"，该产品是属于全免增值税的建材制品。

### 6.4.1  产业政策

国家发改委发文，2021 ~ 2025 年，在全国重点扶持 50 家大宗固废资源化利用企业，将给予 5 000 万元以上的经费支持和其他政策支持，并在税收上给予优惠或减免政策。黄河淤泥及固体废料静压成型生态砌块性能及应用研究，其目的旨在充分利用产量及存量巨大的工程固废，研制适宜原料性质的固化剂，探索合理材料配比，进行静压成型试验，研究分析固化剂化学和静压物理两者协同作用下工程固废生态砌块性能，形成材料、工艺和设备三位一体生态砌块生产技术，探索一条科学、合理处理工程固废的途径，生产新型生态砌块。该技术研究制备生态砌块，技术工艺简单，能源消耗少，生产效率高，污染较低且质量可靠，不仅可以大量使用工程固废粉料，而且可以缓解我国目前建筑材料紧缺问题。

黄河淤泥的挖掘是防洪减淤的重要措施，同时也为生产黄河淤泥生态砌块提供了大量的原材料，可谓是一举两得的举措。但是黄河淤泥的挖掘必须建立在科学、规范的基础上，相关企业应该与河道管理部门、地方政府联合协作，逐步实施相关政策，规范淤泥使用的规范性，以提高资源的利用效率，同时兼顾河道的安全，切不要将本应是一举两得的措施最终却酿成大患。

## 6.4.2　市场分析

我国有几千家大中型煤炭生产企业和火力发电企业，每年有上亿吨的工业废料，如粉煤灰、矿渣、炉渣、尾矿砂、矸石等需排放处理，企业为此耗资不菲，努力消化或转化工业废料。据统计，2017年我国建筑垃圾产量为19.3亿t，每年同比增长7%左右。我国固体废弃物的积存量和年排放量巨大，这类废料都以自然堆积法储存于人工库中，这些废料不仅要侵占大量土地，污染着周边地区的环境，而且每年需要投入大量并且是无法收回的废料处理资金，已成为企业的沉重包袱。由此看出，利用建筑垃圾、工业废渣生产免烧砖就成为节地、省土、利废、环保和节能并造福于子孙后代的功德无量的事业。发展以建筑垃圾、工业废渣等非黏土为主要原料的新型墙体材料，积极推广节能建筑，是有效保护耕地资源，改善建筑功能和居住舒适度，促进墙体材料产品结构调整、产业优化升级和建筑业技术进步的有效途径。市场需求量是商品能否立足市场、发展壮大的决定因素，它直接影响着生产商对其资金的投入量及产品生产量。因此，利用黄河淤泥，添加适量建筑垃圾、工业废渣制作的生态砌块（砖）市场需求的预测是其应用前景预测的重要组成部分。

根据针对河南省房屋建筑面积的数据调查统计，河南省的房屋建筑面积在逐年增加，而70%的墙体材料仍以砖为主要承重材料，这必将导致未来几年内对砖的需求量增加。与此同时国家"禁实"工作在全面展开，发展新型墙体承重材料成为工作的重中之重。因此，作为新型墙体材料的黄河淤泥生态砌块（砖）必将有着广阔的市场需求，推广黄河淤泥生态砌块（砖）的使用也会成为政府推进建筑节能工作的重点。黄河淤泥生态砌块（砖）用合理的科学配方，按一定的比例加入凝固剂及微量化学固化剂，使粒度、湿度、混合程度用合理的设备工艺强化处理，达到最佳可塑状态，后经高压压制成型，使砖体迅速硬化，时间越长，效果越好，砖的实用性好，砌墙时不怕浸泡，外观整齐。由于该种材料强度高、耐久性好、尺寸标准、外形完整、色泽均一，具有古朴自然的外观，工程应用前景光明。

## 6.4.3　应用范围

在调查的过程中也有一些其他发现，现今使用的蒸压砖能够节约碳资源，保护环境，但是在耐久性方面有所不足，致使房屋的使用性能受到严重影响。在当前节能、低碳的经济发展理念下，进一步提高产品性能、提高产品耐久性的前提下，研发黄河淤泥添加建筑垃圾、工业废渣制作的生态砌块（砖）将具有更加深远的意义。

黄河淤泥添加建筑垃圾、工业废渣制作的生态砌块，生产工艺简单，成本较低，并且绿色环保，可以消耗大量的固废材料。黄河淤泥生态砌块制作河道护坡砌块、生态护坡砖、挡土墙，广场砖，透水砖，气候砖，路缘石，标准砖，砌块等，工程应用范围广泛。如用于建筑工程多孔砖、仿古砖、标准砖、空心砌块；用于市政工程的广场砖、草坪砖、透水排水砖、彩色行道砖；用于地下管廊空间工程砌块；用于道路工程路边石、慢道砌块、护坡草坪砌块、道路隔离砌块；用于水利工程的河渠湖海水底大堤坝体、六面互锁内置监控大型工程砌块；用于矿山修复大型、特型工程砌块；用于农田改造，保水留土，改善气候，因地制宜的各种工程砌块等。

### 6.4.4　经济效益分析

黄河淤泥静压成型生态砌块，技术工艺简单，能源消耗少，生产效率高，污染较低且质量可靠，不仅可以大量使用黄河淤泥，变废为宝，实现了黄河淤泥的资源化利用，扩大了淤泥砌块的应用领域，而且可以缓解我国目前建筑材料紧缺问题。

通过分析 HY600 型和 HY900 型砌块生产线的经济效益，可以看出该项目经济效益显著，HY900 型砌块生产线年计划利润高达 2 330 万元。

以上所列成本分析数据的核算方式与机械性能有关，仅供参考。因此利用黄河淤泥、建筑垃圾及工业固废制砌块（砖）有广阔的市场前景，生产原料低廉，效益显著。同时在废旧建筑物拆除后，生产厂家可以利用移动式设备就地取材，进行相关产品的生产，铺设在附近新建的居民小区，或其他公园、广场等公共设施，这就相应地减少了原料及产品的运输费用，又降低了成本。

### 6.4.5　社会效益分析

利用黄河淤泥、建筑垃圾及工业固废制备生态砌块（砖）会带来很大的社会效益和环境效益。作为一种新型的生态环保材料，使用黄河淤泥、废弃的建筑垃圾以及工业固废做原材料制成，变废为宝，是解决建筑垃圾和工业废渣问题的重要方法，也起到了使非再生资源循环利用的作用，减少了建筑垃圾、工业固废对环境的污染，具有良好的环保效益，得到政府政策方面优惠支持。

团队创造性地提出"卯榫拼装结构砌块"这一概念，把砌块制作成特定形状再拼装形成卯榫结构，在单个砌块满足标准的情况下同时兼顾产品在使用时的整体性，将其作为生态护岸材料应用在河道护岸工程中是安全、稳定的，具有十分重要的意义。利用黄河淤泥制备的生态砌块，不仅解决了黄河淤泥堵塞河道问题，把黄河淤泥变为优质环保的建筑材料，还可以缓解砌筑石材的紧缺。本技术落实国家政策，把黄河淤泥资源化利用制备成节能、环保、绿色工程砌块，可以广泛应用于河岸护坡、市政工程、道路工程、水利工程以及建筑工程等，社会效益巨大。

### 6.4.6　生态效益分析

黄河淤泥砌块良好的生态功能，充分保证地下水和河道水体之间的交换，为水生动植物提供栖息场所，营造局部小生态，维持生态系统的平衡。将黄河淤泥生态砌块应用于黄河河道边坡维护、山体、农田改造、水利工程等，达到"留土保水，就有青山绿水，就是金山银山"，以此达到改善了上游水土流失严重的问题，让黄河成为造福人民的幸福河。该技术的典型特征是通过静压成型、添加适宜的固化剂将黄河淤泥资源化利用，具有材料利用率高，无噪声、无污染，且成本较低，产品自然养护即可。通过研发最优工艺设备系统，实现自动配料、上料、加压和在线数据分析、配料一体化。该静压生态砌块生产系统具有免烧结，免蒸养，全程无废水、废气、废渣排放，省水、省电、省工、省时等优点，生态效益显著。

## 6.5　生态护砌块工程应用

本技术采用系统调研、理论研究、技术研发、精细设计、应用示范的研究思路，产学研用相结合，取得了泥沙、固体废料处理与资源利用普适性强、理论创新突出、技术装备领先的"测—取—输—用—评"全链条技术。取得了显著的社会经济效益和生态环境效益，推动了行业科技进步，具有广阔的应用前景和推广价值。随着黄河淤泥生态砌块技术的研究进展，该生态砌块可以逐步应用于如下一些典型的工程场景。

### 6.5.1　生态护坡砌块（空心砖）

护坡生态砌块（空心砖）充分利用固体废弃物，不会对环境产生二次污染。其次，具有特殊的多孔结构，使水分能迅速渗入地下。此外，其特殊的结构可为草籽的生长提供环境，当它被砌筑在建筑物的外层时，使建筑物变成独特的绿色景观，有利于调节地表温度和湿度，保持空气新鲜。近年来，随着大规模的工程建设和矿山开采，形成了大量无法恢复植被的岩土边坡。传统的边坡工程加固措施，大多采用砌石及喷混凝土等灰色工程，破坏了生态环境的和谐。随着人们环境意识及经济实力的增强，利用黄河淤泥、建筑垃圾和工业固废生产的生态护坡砌块（空心砖）逐渐应用到工程建设之中。

6.5.1.1　生态护坡砌块（空心砖）施工工艺

（1）施工准备。

①检查砌块（空心砖）体形状、尺寸、强度（必要时）是否准确，剔除破损砖等；

②清理施工现场，确认施工用水、用电、施工车辆及装备等是否到位；

③检查土质，确保土质适合植物生长，否则应换土。

（2）生态护坡砌块（空心砖）铺设。

①基础开挖后，首先浇筑 800 mm × 800 mm × 600 mm 混凝土；

②在混凝土基础上，铺设 10 mm 厚的水泥砂浆找平层；

③再铺设无纺布，其最小搭接宽度不小于 10 cm；

④确认砖的位置后安装连接棒，并灌入水泥砂浆固结；

⑤最顶层砖与下层砖用 10 mm 厚水泥砂浆附着，防止脱离。

（3）生态护坡砌块（空心砖）铺设。

①顺坡铺设无纺布，搭接宽度不小于 15 cm；

②尽量保证砖体之间接缝紧密，以实现墙体的抗冲刷能力。

（4）绿化布置。

①清理砖体表面，去除表层杂质；

②向生态砖孔隙内充填由营养剂、杀虫剂等拌和的营养土，密实度达 90%；

③按设计要求，播种草籽或铺设草皮。

（5）施工中应注意的问题。

①严格检查生态砌块（空心砖）产品质量，以保证铺设过程中，砖体之间密实牢固。草籽播种或者栽植草皮尽量避开高温，因为生态砖体吸热量大，应保证水分供给，避免草体被晒死；

②对于开孔植被的护坡砌块（空心砖），生产时所使用的水泥品种，应严格控制其碱含量（尽量降低）。工程中发现由于混凝土中碱性物质渗出，会出现"烧死"植物的现象。

③根据护坡砌块（空心砖）块型、工程结构要求不同，如临水面护坡的结构需进行处理。发现国内有些工程施工并不满足要求，影响水工护坡砌块（空心砖）

使用效果。

### 6.5.1.2　普通实心护坡砖

普通护坡砖按照结构形态分为空心护坡砖和实心护坡砖。实心护坡砖大六角砖强度比较高,规格尺寸有三种分别为:300 mm × 600 mm × 100 mm、250 mm × 500 mm × 120 mm;200 mm × 400 mm × 80 mm。能拼接成各种星形图案。主要用于河道、高速路、庭院、小池塘等护坡挡土用。强度较高,能承受几十吨重量,砖体略大,显得大气而且有相当好的承重能力,整片铺设起来效果较好。

### 6.5.1.3　普通空心护坡砖

空心护坡砖又叫空心六角护坡砖,因为空心护坡砖中间是空的,可以种植各种草木等植被,能更好地减少水土流失,美化环境。

### 6.5.1.4　铰接式混凝土护坡砌块

混凝土护坡砌块按照安装方式分为铰接式护坡砖、联锁式护坡砖。铰接式护坡系统是一种利用缆索穿孔连接的联锁护坡混合料侵蚀控制系统。该系统是由一组尺寸、形状和重量一致的混凝土块体,用若干根缆索相互连接在一起而形成的联锁矩阵。整体式柔性铺垫自重大、抗倾覆力强;对水流情况下的中小规模变形具有高度的适用性;抗冲刷能力强,高速水流以及其他恶劣环境下能够保持铺面的完整性,能有效提高混合料的抗水流侵蚀能力;可利用机械体式安装大大提高施工效率,节省人力,降低劳动强度。

铰接式护坡优势特性如下:

①整体铺设,施工快捷,适应各种地形和气候变化。

②抗流体冲击力强,高速水流以及其他恶劣环境下保持完整面层,不被侵蚀。与土工织物配合使用,可以有效管理崩岸及泥沙流失。

③适应1∶1坡度施工,并且能在高速水流引起的高切应力下,安全工作。

④恢复混合料净化污染能力,提高水体生物生存能力,避免硬化河道二次污染现象。

⑤特别适应堤防除险加固工程,水下施工,不需围堰,不仅经济同时节省时间。

⑥可植草绿化,保护生态环境。

⑦比较传统抛石、模袋混凝土以及浆砌块石等做法,其综合成本最为经济。

铰接式护具有施工方便快捷,可节省总工程投资的技术特点。一般来说,100 mm 厚和150 mm 厚的块体,一个工人一天可以铺设 30 ~ 40 m²。铰接式护坡系统一个小时起重机操作时间可以铺设 3 ~ 4 个垫子。铰接式护坡施工见图 6-18。

图 6-18　铰接式护坡"毯式"施工

#### 6.5.1.5　联锁式混凝土护坡砌块

联锁生态护坡是专门为明渠和受低中型波浪作用的边坡提供有效、耐久的防止冲刷、护坡的作用。联锁式护坡砖是一种现行使用的可人工安装，适用于中小水流情况下（不大于 6 m/s）混合料水侵蚀控制的新型联锁式预制混凝土块铺面系统。由于采用独特的联锁设计，每块砖与周围的 6 块砖产生超强联锁，使得铺面系统在水流作用下具有良好的整体稳定性。同时，随着植被在砖孔和砖缝中生长，一方面铺面的耐久性和稳定性将进一步提高，另一方面起到增加植被、美化环境的作用。近年来，联锁式护坡砖被广泛应用于河流的治理如河岸、河堤、防洪溢洪等工程以及城市河道护坡改造工程中见图 6-19、图 6-20、图 6-21。该产品特点如下所述。

①全方位的连锁效果，类型统一，无须用多种混凝土块。

②高强、耐久柔性结构，适合各种地形上使用。

③透水，减少基土内的静水压力，防止出现管涌现象。

④可以为人行道、车道或船舶下水坡道提供安全防滑的面层，面层可以植草，形成自然坡面。

⑤抗冻融、海水和其他化学品的腐蚀。

⑥施工方便快捷、一般人可以熟练地人工铺设、不需要大型设备，维护方便、

经济。

图 6-19　联锁式护坡砖

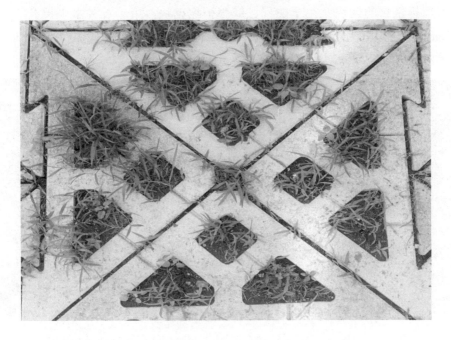

图 6-20　大三角联锁护坡砖

图 6-21　联锁式护坡施工效果图

### 6.5.1.6　国外的几种混凝土护坡砌块

图 6-22（a）为美国 CRH 公司的一种生态护坡砌块（专利）。以 Hexacon<sup>TM</sup> 注册商标销售的砌块是用于防侵蚀联锁护坡砌块，用于各种水工护坡工程，Hexacon<sup>TM</sup> 砌块分为闭孔式和开孔式两种，有利于土基坝体的稳定，又起到保护水生环境的作用。图 6-22（b）为南丰的一种护坡砌块，发明专利，适用于小河泾。

（a）　　　　　　　　　　　　　（b）

图 6-22　国外的几种混凝土护坡砌块

### 6.5.2　一种新型透水砖——气候砖

如今极端天气发生的频率越来越高，许多城市为应对显得很被动，比如每逢暴雨，面对内涝，许多城市除了归因于老旧的排涝设施之外，能做的并不多。2014 年，哥本哈根建筑公司"第三自然"（THIRDNATURE）收到了 Realdania 基金会的资助，参与了一个三年的可持续发展计划。第三自然研发了一款可以铺设在人行道上的新型透水砖"气候砖"。

气候砖（图 6-23）其实是一整套雨水收集和分流系统。砖面多孔，降水进入地下储水器，一部分被直接用于绿化带植物的灌溉，一部分存储在多功能的"水银行"中，有的通过蒸腾调节街道的微气候，或是在冬季缓解混合料盐碱化。根据第三自然公布的数据，测试阶段，面对暴雨，气候砖可以消化 30% 的降水，这能在一定程度上缓解暴雨对城市排涝设施的压力。现阶段，正在努力追求技术突破，利用建筑垃圾和工业固废制备新型环保气候砖，相信不久的未来，有望将这种新型气候砖大规模推向市场。

图 6-23　新型透水砖 —— 气候砖

### 6.5.3　标准砖与砌块

梁洪波介绍了邯郸市利用建筑垃圾生产新型墙材项目，从调查研究、筹备建厂、投入生产到市场应用历时三年。国务院发展研究中心副主任刘世锦到邯郸考察时说："邯砖"经验不亚于"邯钢"经验,符合循环经济的发展战略,为城市建筑垃圾资源化找出了一条切实可行的路子。文献 [44] 主要介绍 2017 年 6 月下旬,在沈阳玛莎新型建筑材料有限公司的混凝土砌块(砖)生产线上,采用干硬性混凝土成型、即时脱模的混凝土路基块获试产成功,并立即转入工业化批量生产。这种拼装式混凝土路基块,2014 年由长春市市政设计院研发成功,每块约 1 平方米、厚约 30 厘米,四周侧面均呈斜面、有凹槽;在道路施工现场替代"二灰碎石"层,采用嵌挤方式装配、吊装施工。该项技术的优点主要包括施工速度快,将原"二灰石"层施工所需的 28 天缩短到了 1 周,这在东北地区非常关键。刘畅等《干硬性混凝土生态砌块的制备及性能研究》主要介绍了鹤大高速公路项目是交通运输部"资源节约循环利用"科技示范工程和"绿色循环低碳"公路主题性项目示范工程,是吉林省第一个"双示范"项目。随着国家生态文明建设的推进,鹤大高速公路基于绿色交通的理念,在公路两侧边坡采用生态砌块进行防护,达到既稳定边坡又生态绿化的目的。与普通混凝土相比,干硬性混凝土具有用水量小、早强、快硬、密实性好等特点,并且采用全自动砌块成型机可实现工厂化生产,可满足大规模公路工程对护坡砌块产品的需要。为了进一步促进干硬性混凝土生态砌块在公路护坡中的应用,经试验研究探讨胶凝材料用量、砂率、粉煤灰掺量等 3 个因素对干硬性混凝土生态砌块性能的影响,并通过 SEM 观察了生态砌块内部微观结构。

利用黄河淤泥、建筑垃圾及工业固废制备标准砖,跟当前市场上传统的烧结黏土标准红砖尺寸一样,为 240 mm × 115 mm × 53 mm,质量在 1 800 ~ 1 900 kg/m³ 左右。原材料组成主要包括水泥、生石灰、粉煤灰、矿渣、水、黄河淤泥、建筑垃圾及工业废料粉料等。一般选择 42.5 级普通硅酸盐水泥作为制砖用的胶凝材料,选用精制优质白灰粉作为次要胶凝材料,掺量一般控制在水泥量的 3% 左右,其他材料选用粉煤灰、矿渣;用水符合对混凝土用水的要求;建筑垃圾粉料采用的是旧楼拆除物,主要有废混凝土、废砖块、废陶瓷玻璃片及砂浆片等制取建筑垃圾骨料剩余粉料。利用建筑垃圾及工业固废粉料制备标准砖既能实现资源的有效利用,又能迎合市场的需求。通过调节建筑垃圾、工业固体废弃物的掺入量,水灰比,外加剂种类与掺量制备出性能与技术指标不低于甚至高于传统烧结黏土砖的生态砌块(砖)。图 6-24 为标砖的模具。

利用黄河淤泥、建筑垃圾及工业固废也可以制备混凝土砌块。此类混凝土砌块以水泥、砂、豆石(或采用经过破碎的崖石、卵石或工业固体废弃物如煤渣、矿渣）、建筑垃圾再生骨料为原料，它具有空心率高、质量好、成本低、不易风化等优点。它不用黏土、不与农田争地、不用燃料、节约能源，靠山利用崖石，靠河利用砂石，靠城市工矿利用建筑垃圾和工业废渣，原料丰富，来源广泛，它的生产工艺简便，建厂投资少见效快，可以大规模生产，广大农村和城市都适合。使用它不但设计先进，适用性广，施工操作简便，而且还可以使工期缩短，造价降低，混凝土砌块机在我国已经开始普遍并越来越显示出它的广阔前景。这种设备也就是大家所说的免烧砖机，也就是说生产出来的水泥砖或空心砌块，不需要烧结，通过短时间的晾晒就可以出厂。投资少，见效快，是目前很多投资者投资的热门行业。

（a）　　　　　　　　　　　　　　　　（b）

图 6-24　标砖模具、外观

根据混凝土砌块机分类标准的不同，混凝土砌块成型设备可以分为不同的类型，以下简单叙述几种，根据砖块的类型分为标砖、空心砖和多孔砖；根据成型原理不同分为机械振动式和液压成型式；根据自动化程度可以分为手动混凝土砌块机、半自动混凝土砌块机和全自动混凝土砌块机。

以下有几种代表机型：

①固定空心砌块成型机。

②移动空心砌块成型机。

③ QT(4)6-15 型混凝土砌块成型机。

④ QT(8，10)12-15 型混凝土砌块成型机。

⑤ QTJ4-30 型砌块生产线。

利用建筑垃圾和工业固废制备混凝土空心砌块，其中标准砌块规格为 390 mm × 190 mm × 190 mm，用以大规模生产新型环保墙材，使建筑产业化，而建筑产业化的核心内涵是构建一个完整的产业链，利用建筑垃圾和工业固废生产的混凝土空心砌块可以成为工业化的基本建材，依托混凝土空心砌块构建的产业链结构为生产工业化→质量匀质化→产品多样化→砌筑标准化→现场装配化→建筑绿色化。

### 6.5.4 路缘石

#### 6.5.4.1 定义

路缘石，是指用石料或者混凝土浇注成型的条块状物体用在路面边缘的界石，路缘石也称道牙石或路边石、路牙石。路缘石是在路面上区分车行道、人行道、绿地、隔离带和道路其他部分的界线，起到保障行人、车辆交通安全和保证路面边缘整齐的作用。现阶段，为了响应国家节能减排方针政策，一大批企业和厂家开始利用工业固体废弃物和建筑垃圾制备新型环保型路缘石，利用这些固体废弃物所制备的路缘石，产品外形美观大方，强度和各项性能指标也符合建筑及市政用路缘石的各项标准，经济性和实用性较强。随着城市面貌的日新月异，美化城市空间已成为了当前的迫切需求。新型、科学的彩色路缘石问世，奏响了美化都市生活空间的新乐章，以其高强度，高质感，抗耐磨，不褪色及流畅的线性等特点，已成了当今都市空间的一支主旋律。

#### 6.5.4.2 分类

（1）路缘石根据用料的不同，一般情况下分为两种：即混凝土路缘石和石材路缘石。

（2）根据路缘石的截面尺寸可以分为H形路缘石、T形路缘石、R形路缘石、F形路缘石、TF形立沿石和P形平沿石。

（3）按路缘石的线型分为：曲线型路缘石、直线型路缘石。火烧板曲线型路缘石可配合直线型路缘石使用。

#### 6.5.4.3 路缘石的制作

现有的路缘石大部分为预制混凝土制品，由塑料模具浇筑而成，也有部分为提高整体美观和强度而使用花岗岩路缘石。利用建筑垃圾和工业固废制备的路缘石有两种，一种为传统人工制作的塑性再生混凝土路缘石，一种为机械制作的干硬性再生混凝土路缘石。由于目前没有明确的针对再生混凝土配比的相关规范标准，因此在制作建筑垃圾再生骨料混凝土路缘石的过程中，配合比主要依据普通混凝土配合比相关要求，经多次试验，在考虑再生骨料吸水率大的前提下，满足和易性要求之后确定的成熟配合比，并且在生产过程中也需要根据再生骨料的差异性进行适当调整，人工制作的再生混凝土路缘石为塑性混凝土，坍落度为 10 ～ 90 mm，一般水泥使用量较小，强度较低。在塑性混凝土制作过程中，首先将再生骨料、水泥进行搅拌，均匀后加入水继续搅拌，混凝土入模前需要在模具里抹上润滑油。然后将其放到振动平台上震动均匀，排出混凝土内气泡，震动完毕之后逐个紧靠排列放置在平整地面上进行蓄水养护，3 ～ 7 d 之后即可脱模（夏天 3 d、春秋天 5 d、冬天 7 ～ 8 d）。脱模时将模具反过来，用橡胶锤在模具边缘轻轻敲打，然后在有韧性的物体上（如汽车轮胎）轻轻一磕就可完全脱落。塑性再生混凝土由于在振动过程中水泥浆体溢出包裹在路缘石表面，因此不用对表面另行处理，只需要适当抹面以保证其平整度。

机械制作的再生混凝土路缘石为干硬性混凝土，坍落度小于 10 mm，一般水灰比较小。与塑性混凝土相比，干硬性混凝土在成型时需要进行更多的振动和压实，因此往往生产出的路缘石只需要较少的水泥浆体即可起到较高黏结作用，并且可以做到混凝土路缘石成型后可即可脱模。除此之外，机械制作路缘石需要布料两次，这是主要是因为干硬性再生混凝土路缘石表面粗糙，面层使用天然细骨料有助于改善路缘石表面光滑度，使其更加美观，常被用于市政工程中。并且干硬性再生混凝土成型快，压制结束既可脱模养护，提高了模板的利用率。

### 6.5.4.4 路缘石的安装

路缘石的形式有立式、斜式和平式等。路缘石的施工工艺包括路面基层挖槽、安装、路缘石背覆加固，施工时要保证路缘石的质量要求及注意事项，以期保证施工质量，提高道路美观性。

（1）材质要求。

路缘石石料采用质地均匀的天然麻石机械切削加工而成，石材的强度必须合格，要求其色泽均匀，表面无裂纹，棱角完整，外观一致，无明显斑点、色差，不允许有风化现象，装卸时不准摔、砸、撞、碰，以免造成损伤。

（2）加工要求。

按统一长度进行下料，外露面必须机切抛光，长度允许误差在 ±20 mm 范围内，宽度、厚度、高度允许误差在 ±2 mm 范围内。

（3）施工要求。

①路缘石必须挂通线进行施工，按侧平面顶面示高标线绷紧，按线码砌侧平石，侧平石要安正，切忌前仰后合，侧面顶线顺直圆滑平顺，无高低错牙现象，平面无上下错台、内外错牙现象。

②路缘石必须坐浆砌筑，坐浆必须密实，严禁塞缝砌筑。

③路缘石接缝处错位不超过 1 mm；侧石和平石必须在中间均匀错缝。

④路缘石侧平石应保证尺寸和光洁度满足设计要求。外观美观，对弯道部分侧石应按设计半径专门加工弯道石，砌筑时保证线形流畅、圆顺、拼缝紧密。弧形侧石必须人工精凿后抛光处理。

⑤路缘石后背应填土夯实，夯实宽度不小于 50 mm，厚度不小于 15 mm。

⑥路缘石勾缝时必须再挂线，把侧石缝内的杂物剔除干净，用水润湿，然后用 1∶2.5 水泥砂浆灌缝填实勾干。

⑦侧平石勾缝、安砌后适当浇水养护。

# 第7章　展　望

　　目前，中国的固废产业已经进入了以环境综合服务为核心的阶段，各个企业均积极寻找快速规模化的发展方式。重资产环境集团核心特征是规模化，其优势是全国性网络的集约效应和政府关系，以及强大的投资运营管理能力。目前中国利用大宗工业固废制备绿色无水泥熟料或少水泥熟料胶凝材料的技术已相对成熟，已成功开发出能够在胶结充填采矿、高性能混凝土、重金属固化、各种砖、砌块、混凝土预制构件等不同领域广泛替代水泥的系列化胶凝材料产品。同时，国家"一带一路""雄安新区""特色小镇""海绵城市"等政策的带动，使得绿色建材、绿色建筑、绿色工厂、建筑节能、海绵城市、装配式建筑、美丽乡村的概念深入推广，利用大宗工业固废制作的各种砖、砌块、陶瓷等产品也将大有可为。

　　由于近几年中国能源结构调整的力度、深度逐步加大，对环境保护日益重视，传统的煤炭、钢铁行业的企业数量和生产规模逐年减少，其固废产生量下降；同时，现存企业处理固废的能力提升，使得一般工业固废新增贮存量减少。面对巨大存量，应注重新技术的研发与使用，例如利用黄河淤泥、工程挖方、建筑垃圾及工业固废利用后粉料等制作生态砌块，达到"零填埋"的无废技术。更重要的是注重源控制，选择利用率高的矿山和矿源，同时研发新技术，不断提高原料利用率，减少一般工业固废的产生。

　　利用黄河淤泥、工程挖方、建筑垃圾及工业固废利用后粉料等制作生态砌块，也符合我国"保护农田、节约能源、因地制宜、就地取材"的发展建材总方针，符合国务院曾转发"严格限制毁田烧砖积极推动墙体改革的意见"。该种材料是一种取代黏土砖的极有发展前景的更新换代产品，具有强度高、环保、节省土地资源、降低成本等特点。

# 参考文献

[1] 张旭，刘丕建，商荷娟，等.论黄河泥沙的综合开发利用 [J]. 山东国土资源 2011，27(9): 42-44.

[2] 侯国帅，赵丽奇，张松涛.黄河淤泥多孔砖的开发现状及应用前景 [J]. 价值工程，2012，31(2): 324-325.

[3] 张金升，郭民.黄河淤泥沙的综合利用 [J]. 中国建材，1994(12): 35-36.

[4] 吴本英.黄河淤泥承重烧结多孔砖的试验研究 [D]. 郑州：郑州大学，2004.

[5] 赵自东.黄河淤泥承重多孔砖砌体的基本力学试验研究 [D]. 郑州：郑州大学，2006.

[6] 童丽萍，赵自东，贺萍，等.黄河淤泥多孔砖砌体的抗剪强度试验研究 [J]. 建筑科学，2006，22(3):45-47.

[7] 贺萍.黄河淤泥废料资源化利用规划研究 [D]. 郑州：郑州大学，2006.

[8] 陈晓飞.黄河淤泥制备黏土基墙体材料的研究 [D]. 郑州：郑州大学，2007.

[9] 杨久俊，刘俊霞，陈晓飞，等.黄河淤泥制备黏土基墙体材料性能研究 [J]. 混凝土与水泥制品，2012，42(Z1): 54-57.

[10] 郑乐.利用黄河泥沙制作防汛石材固结胶凝技术研究 [D]. 大连：大连理工大学，2016.

[11] 冯志远，黄远洋，罗霄，等.多因素对工程渣土免烧砖性能影响研究 [J]. 新型建筑材料，2021，9: 152-155.

[12] 姚清松，蔡坤坤，刘超，等.粉质黏土地层基坑渣土免烧砖配比及力学性能研究 [J]. 隧道建设，2020，42(Z1): 145-151.

[13] 张育新.硅酸盐水泥固化淤泥材料及建材制品研究 [D]. 扬州：扬州大学，2018.

[14] 李云霞，李秋义，赵铁军.再生骨料与再生混凝土的研究进展 [J]. 青岛理工大学学报，2005(5): 16-19.

[15] 卢青 . 基于固弃物的混合料固化剂配合比设计及固化土路用性能研究 [D]. 济南：山东大学，2019.

[16] 杜晓蒙 . 建筑垃圾及工业固废生态砌块 [M]. 北京：化学工业出版社，2019.

[17] 石峰，宁利中，刘晓峰，等 . 建筑固体废弃物资源化综合利用 [J]. 水利资源与水工程学报，2007，18(5): 39-41.

[18] 陈家珑 . 建筑废弃物的资源化利用与再生工艺 [J]. 混凝土世界，2010(9): 44-49.

[19] 张为堂 . 建筑垃圾的循环利用研究现状与对策 [J]. 山西建筑，2008(6):350-351.

[20] 周文娟，陈家珑，路宏波，等 . 我国建筑废物处理利用现状及发展趋势 [J]. 中国资源综合利用，2008，26(8):22-24.

[21] 何国希 . 砖瓦发展历史及展望 [J]. 砖瓦，2017(7): 62-64.

[22] 田延平 . 中国砖瓦的兴衰与新时期的转型发展 [J]. 砖瓦世界，2012(10): 3-8.

[23] 梁嘉琪 . 中国砖瓦工业步入转型期的思考 [J]. 砖瓦，2012(8): 27-33.

[24] 周炫 . 2018 年中国砖瓦行业环保形势分析报告 [J]. 砖瓦世界，2018(12): 30-32.

[25] 孙书晶 . 浅谈工业固体废弃物在建筑材料中的应用 [J]. 科技资讯，2017(9): 76-77.

[26] 王安理，李建政，马秀勤 . 新型尾矿无害化处理工艺及实践 [J]. 中国矿业，2010(09)：63-65.

[27] 罗博 . 工业固体废弃物在建材中的应用研究 [J]. 资源节约与环保，2013(6): 130-131.

[28] 孙坚，耿春雷，张作泰，等 . 工业固体废弃物资源综合利用技术现状 [J]. 材料导报，2012(11): 105-109.

[29] 闫振甲，何艳君 . 免烧砖生产实用技术 [M]. 北京：化学工业出版社，2009.

[30] 赵永林 . 水玻璃激发矿渣超细粉胶凝材料的形成及水化机理研究 [D]. 西安：西安建筑科技大学，2007.

[31]Lee W K W，Deventer J S. Chemical interactions between siliceous aggregates and low-CaO alkali-activated cements [J].Cement and Concrete Research，2007(37): 844-855.

[32] 朱祥，薛凯旋，杨国良，等 . 再生混凝土制品配合比优化及生产工艺研究

[J]. 粉煤灰，2014，26(5): 20-22.

[33] 郭印，徐日庆，邵允铖. 淤泥质土的固化机理研究 [J]. 浙江大学学报（工学版），2008，42(6): 1071-1075.

[34] 毕明科，司文奎，金利. 一种新型绿化砖生产工艺的研究 [J]. 产业与科技论坛，2018，17(17): 54-55.

[35] 陈家珑. 建筑废弃物（建筑垃圾）的资源化利用及再生工艺 [J]. 混凝土世界，2010(9): 44-49.

[36] 孙岩. 再生混凝土微粉／水泥基透水性复合材料的试验研究 [D]. 昆明：昆明理工大学，2011.

[37] 李炜. 建筑垃圾中废弃砖渣的利用研究 [D]. 广州：广东工业大学，2014.

[38] 刘朋，于跃，王桂花，等. 硅灰和铁尾矿粉复掺对水泥基透水砖强度和透水性的影响研究 [J]. 砖瓦世界，2018(11): 56-57+22.

[39] 孙鲁军，安强，柳华实，等. 矿渣微粉对水泥基轻质保温材料性能的影响探究 [J]. 砖瓦，2019(1): 22-25.

[40] 唐沛，杨平. 中国建筑垃圾处理产业化分析 [J]. 江苏建筑，2007(3)：57-60.

[41] Ya'Arit Bokek-Cohen. The Marriage Habitus of Remarried Israeli War and Terror Widows and the Reproduction of Male Symbolic Capital[J]. Asian Journal of Women's Studies，2014，20(2): 34-67.

[42] 庄红峰. 浅析工艺控制在制砖过程中的作用及保证措施 [J]. 砖瓦世界，2017(11): 34-36.

[43] 梁洪波. 建筑垃圾制砖生产工艺及其效益分析 [J]. 墙材革新与建筑节能，2007(6): 23-24.

[44] 杜建东. 混凝土砌块（砖）行业应考虑涉足湿法成型产品领域—— 赴欧洲小型混凝土制品湿法成型技术考察报告 [J]. 建筑砌块与砌块建筑，2016(1): 39-43.

[45] 赵文坤. 建筑垃圾加工设备选型及其加工工艺 [J]. 筑路机械与施工机械化，2018(1): 93-96.

[46] 巴太斌，李银保，张伟超，王利娜. 建筑垃圾中轻物质处理探讨 [J]. 河南建材，2017(2): 45-57.

[47] 马保国，蹇守卫，郝先成，等. 利用建筑垃圾制备新型高利废墙体砖 [J]. 新型建筑材料，2006(1): 1-3.

[48] 周理安. 建筑垃圾生态砌块制备技术及其性能研究 [D]. 北京：北京建筑工程学院，2010.

[49] 康梅柳，周丽萍. 废弃混凝土的再生利用 [J]. 建材技术与应用，2011(6): 9-10+16.

[50] 林霞. 用典型无机废渣制备早强生态砌块的实验研究 [D]. 广州：华南理工大学，2016.

[51] 蒋耀奎，李为华. 自然养护水泥粉煤灰砖 [J]. 电力环境保护，1992(4): 48-50.

[52] 刘春平，汤莉. 太阳能在混凝土砖养护工艺中的利用 [J]. 砖瓦，2015(1): 29-30.

[53] 窦荣伟. 浅谈破碎筛分联合设备及使用 [J]. 建筑机械化，2010(8): 78-80.

[54] 郎桐. 破碎设备的选型与设计 [J]. 砖瓦，2010(8): 38-41.

[55] 高强，张建华. 破碎理论及破碎机的研究现状与展望机械设计，2009(10): 72-75.

[56] 肖会勇. 移动式破碎筛分设备在国外建筑垃圾处理中的应用 [J]. 建材与装饰，2015(11): 28-30.

[57] 任虎存. 建筑垃圾回收处理技术及破碎装备的设计研究 [D]. 济南：山东大学，2013.

[58] 胡智钢，韦佳. 移动式破碎筛分设备在建筑垃圾再生利用项目中的应用 [J]. 建设科技，2014(1): 49-51.

[59] 卢洪波，廖清泉，司常钧. 建筑垃圾处理与处置 [M]. 郑州：河南科学技术出版社，2016.

[60] 杜木伟，刘晨敏，刘锡霞. 我国建筑垃圾处理设备现状及发展趋势 [J]. 工程机械文摘，2013(1): 77-80.

[61] 李颖，许少华. 建筑垃圾现状研究 [J]. 施工技术，2007(S1): 480-483.

[62] 李本仁. 破碎筛分联合设备的设计 [J]. 矿山机械，2007(4): 45-48.

[63] 鲜仕君. 碎石破碎筛分设备选型方案的综合评价 [J]. 建筑机械化，2007(3): 65-69.

[64] 张佳荣. 提高破碎筛分设备生产能力的探讨 [J]. 采矿技术，2005(2): 52-54.

[65] 闫开放. 制砖原料处理工艺与设备选型的建议 [J]. 砖瓦，2018(11): 111-114.

[66] 汪有坤，苏恩龙. 制砖成型设备的创新 [J]. 砖瓦世界，2014(10): 24-25.

[67] 王英奇. 生产大型面砖的新工艺及成型设备 [J]. 建材工业信息，1984(18): 13-

14.

[68] 朱展鹏，刘小云 . 国产全自动液压压砖机的技术创新分析 [J]. 陶瓷，2007(8): 36-38.

[69] 张柏清 . 全自动液压压砖机压制部分液压系统动态仿真 [A]. 中国硅酸盐学会陶瓷分会 . 中国硅酸盐学会陶瓷分会 2006 学术年会论文专辑（上）[C]. 中国硅酸盐学会陶瓷分会 : 中国硅酸盐学会，2006:6.

[70] 贺坚，许建清 . 大型自动液压压砖机的引进消化及其发展方向 [J]. 中国陶瓷工业，1997(2): 28-30.

[71] 汝莉莉，王德永 . 一种自动化制砖生产线（免烧结）工艺方案及产品介绍 [J]. 砖瓦，2017(10): 43-47.

[72] 魏民 . 混凝土砌块生产线的先进控制技术 [J]. 建筑机械化，2011，32(S1): 26-27.

[73] 肖奉国 . AUPBS1-100×14 型全自动卸砖打包系统原理及应用 [J]. 砖瓦世界，2016(9): 41-43.

[74] 佚名 . 德国玛莎公司混凝土砌块（砖）全自动生产线成套设备的新动向 [J]. 建筑砌块与砌块建筑，2012(5): 35-37.

[75] 冯丛林，李赟，户建辉，等 . 新型联锁生态护面砖在淤泥质岸坡应用中的施工工法研究 [J]. 中国水运：航道科技，2018(3): 57-63.

[76] 王鹏，张高旗，陈丽刚 . 再生节能型护坡在城市生态河道治理中的应用 [J]. 山西建筑，2018，44(1): 179-181.

[77] 冯婷，贾亚军 . 生态护坡技术在城市河道整治中的应用 [J]. 中国给水排水，2008，24(20): 58-60.

[78] 黄帅中 . 生态环保机压护坡砖在水利工程的应用 [J]. 广东水利水电，2013(S1): 14-16+34.

[79] 赵训，李国忠，曹笃霞 . 建筑垃圾混凝土砌筑用砖工艺与性能研究 [J]. 砖瓦，2016(11): 17-19.

[80] 孙冬帅 . 透水砖的研究现状 [J]. 建材与装饰，2017(52): 180.

[81] 钟艳梅，张国涛，杨景琪，等 . 利用尾矿和陶瓷废料制备烧结型透水砖的技术现状 [J]. 佛山陶瓷，2019(2): 40-44.

[82] 赵刘阳，陈腾，刘冬雪，等 . 用城市建筑垃圾制备透水混凝土研究 [J]. 混凝土与水泥制品，2018(6): 93-96.

[83] 周旭，罗成俊，周圣庆，等 . 建筑垃圾再生骨料制备透水砖的研究 [J]. 砖瓦世界，
2016(10): 51-53+57.

[84] 刘富业 . 利用建筑垃圾制作生态透水砖研究 [D]. 广州：广东工业大学，2012.

[85] 李睿喆 . 浅析海绵城市中透水砖的应用与发展前景 [J]. 砖瓦，2018(8): 52-54.

[86] 刘贤平 . 混凝土透水砖在城市铺装中的应用及前景 [J]. 中华建设，2017(7):
138-139.

[87] 李瑜 . 一种新型透水砖 —— 气候砖 [J]. 砖瓦，2018(12): 32.

[88] 曹素改，张志强，贾美霞，等 . 利用建筑垃圾制备混凝土标准砖 [J]. 砖瓦世界，
2010(7): 30-33.

[89] 张义利，程麟，严生，等 . 利用建筑垃圾制备免烧免蒸标准砖 [J]. 新型建筑材料，
2006(5): 42-44.

[90] 沈 . "建筑垃圾制砖" 项目通过鉴定 [J]. 江苏建材，2006(1): 66.

[91] 柳立新 . 路缘石放样及施工方法探讨 [J]. 山西建筑，2012，38(18): 151-152.

[92] 卢珊 . 建筑垃圾再生骨料混凝土路缘石的抗冻性研究 [D]. 淮南：安徽理工大
学，2018.

[93] 杨永宁 . 再生骨料与天然骨料的比较 [J]. 四川建材，2014，40(1): 34-36.

[94] 史才军，巴维尔·克利文科，戴拉·罗伊 . 碱－激发水泥和混凝土 [M]. 史才军，
郑克仁，译 . 北京：化学工业出版社，2008.